轻松掌握 3D 打印系列丛书

3D 打印建模·打印·上色
实现与技巧——3ds Max 篇

第 2 版

宋 闯 编 著

机 械 工 业 出 版 社

本书共 6 章：第 1 章为 3D 打印的基础知识，第 2 章为 3D 打印不同的建模方式，第 3 章为专业 3D 打印软件 3ds Max 的建模过程精讲，第 4 章为 3D 打印过程详解，第 5 章为 3D 打印机操作和模型后处理实例，第 6 章为 3D 打印模型后期修整。本书配有二维码链接视频和建模文件，内容包括 3D 打印建模过程讲解视频、3D 打印机的使用和模型打印过程视频、3D 打印模型的上色等后期修整视频、18 个 3ds Max 软件 3D 打印建模文件，可帮助读者直观学习 3D 打印建模、模型打印和上色的全过程。

　　本书适合 3D 打印爱好者使用。

图书在版编目（CIP）数据

3D 打印建模·打印·上色实现与技巧. 3ds Max 篇 / 宋闯编著. —2 版.
—北京：机械工业出版社，2019.11（2025.1 重印）
（轻松掌握 3D 打印系列丛书）
ISBN 978-7-111-63869-8

Ⅰ . ①3… Ⅱ . ①宋… Ⅲ . ①立体印刷－印刷术－基本知识 Ⅳ . ① TS853

中国版本图书馆 CIP 数据核字（2019）第 217715 号

机械工业出版社（北京市百万庄大街22号 邮政编码100037）
策划编辑：周国萍 责任编辑：周国萍 刘本明
责任校对：佟瑞鑫 封面设计：陈 沛
责任印制：邹 敏
中煤（北京）印务有限公司印刷
2025年1月第2版第3次印刷
169mm×239mm·18.5印张·338千字
标准书号：ISBN 978-7-111-63869-8
定价：69.00元

电话服务　　　　　　　　　　网络服务
客服电话：010-88361066　　机 工 官 网：www.cmpbook.com
　　　　　010-88379833　　机 工 官 博：weibo.com/cmp1952
　　　　　010-68326294　　金 书 网：www.golden-book.com
封底无防伪标均为盗版　机工教育服务网：www.cmpedu.com

第 2 版前言

3D 打印技术被认为是一项改变世界的新技术，一种给人类带来新福音的革命性发明，在工业、国防、食品、航天、医疗等方面得到了广泛应用。虽然 3D 打印对于普通大众来说还稍显陌生，但它将传统制造业的设计、制造、存储、运输、维修等流程变成创造性的打印工作，已成为一项战略性新兴产业。

早在 2012 年 8 月，美国政府就拨款 3000 万美元，在俄亥俄州建立了国家级 3D 打印工业研究中心。

我国政府高度重视增材制造（3D 打印）产业的发展，将其列入了《中国制造 2025》重点发展方向。为加快制造业转变发展方式和提质增效，《国家增材制造产业发展推进计划（2015—2016 年）》出台。

因此，3D 打印作为前沿的科技、创新的工具，伴随着大数据、人工智能等全球的趋势和浪潮，值得我们投入精力大力研究。在机械工业出版社的统筹安排下，编者希望通过出版有关 3D 打印基础知识、建模和打印上色的书籍，来宣传和普及 3D 打印。本书第 1 版出版以来，引领不少读者走进 3D 打印世界，不少读者甚至以此为职业，也有读者举一反三，设计出了独一无二的个性化模型。作者综合读者的反馈和编辑的建议，第 2 版在第 3 章 3ds Max 软件建模部分更改了新的实例，第 4 章采取了新的 FDM 3D 打印机进行演示，增加了第 5 章 DLP 光固化 3D 打印机的知识，让读者了解更多的主流 3D 打印技术，此外，还更新了第 1 版中失效的 3D 打印网站和厂家信息。

本书第 1 章为 3D 打印的基础知识，包括 3D 打印的定义、特点和一些行业应用案例，让读者对 3D 打印在各行业的应用有初步的认识。

第 2 章介绍 3D 打印建模方式，让读者了解 3D 打印模型的来源和形式，推荐了简单的获取三维模型的方法，使不同行业、不同水平的读者能迅速获取模型进行学习。

第 3 章是专业 3D 打印软件 3ds Max 的建模过程精讲，先以 11 个模型为实例讲解软件的不同功能，接着从生活类用具模型、工业设计、创意玩具、创客模型 5 个综合实例进行建模讲解，让读者了解 3D 打印软件建模的详细流程和思路，可以举一反三，为自己灵活建模打下基础。

第 4 章结合作者的一些经验，以常见的 FDM 3D 打印机为例，讲解了 3D 打印常用材料、3D 打印软件界面和功能、3D 打印模型文件知识，详述 3D 模型打印的顺序和 3D 打印机操作。按照书中的操作，初学者可以系统掌握相关流程。

第 5 章以 DLP 光固化 3D 打印机为例，讲解其操作和光固化 3D 打印模型的后处理技巧，适合光固化 3D 打印机的操作人员和首饰、牙科等行业人士阅读学习。

第 6 章介绍 3D 打印模型拼接、打磨、上色等简便易行的方法和其他后期修整方法，适合对 3D 打印上色等后期修整感兴趣的读者，更适合一些模型爱好者和手工爱好者迅速拓展 3D 打印的后期修整知识。

附录部分：附录 A 收集了国内外部分 3D 打印模型下载链接，读者可以直接下载模型并进行打印；附录 B 收集了国内部分 3D 打印行业网站和相关论坛，读者可以了解 3D 打印行业相关知识；附录 C 收集了国内部分 3D 打印设备厂家，读者可以选择合适的打印机进行学习和研究；附录 D 列举了打印过程中的故障处理和维护保养知识。

本书配有二维码链接视频和建模文件，内容为：

3ds Max 软件 3D 打印建模视频（含 17 个模型和软件界面讲解，约 3h）；

3ds Max 软件 3D 打印建模素材（18 个模型工程文件）；

FDM 3D 打印机操作及上色后处理视频（16min）；

FDM 3D 打印机切片软件介绍视频（23min）；

DLP 3D 打印机操作及切片软件视频（23min）。

可帮助读者直观学习 3D 打印模型的建模过程、运用两种主流技术打印模型和上色的全过程。

本书第 2 版由大连木每三维打印有限公司宋闯负责编写和视频录制、编辑，其中第 3 章软件建模部分由公司设计师王沿懿进行视频录制和讲解，并完成文档编辑工作。

在本书编写过程中，作者得到了来自各方面的支持和帮助。感谢机械工业出版社的信任和指导；感谢深圳市优锐科技有限公司提供的设备（3D-X220 型 FDM 3D 打印机）和技术支持；感谢浙江迅实科技有限公司提供的设备（MoonRay 系列 DLP 3D 打印机）和技术支持。

由于 3D 打印属于机械、计算机图形学、材料科学等多学科的综合学科，书中一些 3D 打印知识如有偏颇和疏漏，还望更多投身 3D 打印的有志之士给予指正。

大连木每三维打印有限公司 宋闯

微信号：dl3dda

目　　录

第 1 章　3D 打印简介

1.1　3D 打印的定义和特点

　　"3D 打印"词条一度成为网络上的热门词汇，超过 1000 万条搜索结果。3D 打印行业被美国《时代》周刊列为"美国十大增长最快的工业"，英国《经济学人》杂志则认为"它将与其他数字化生产模式一起推动实现第三次工业革命"。3D 打印作为工业 4.0 的重要组成部分，除了在工业上用途广泛之外，也越来越多地走向民用。3D 打印的话题在媒体上也非常火爆，打印枪支、房屋、人体器官等爆炸性新闻频频刷新着我们的想象力，如图 1-1 所示。

　　下面我们就来了解什么是 3D 打印以及 3D 打印的特点。

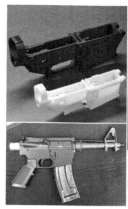

左图：3D 打印枪支
右上图：3D 打印房屋
右下图：3D 打印器官

图 1-1　3D 打印枪支、房屋和器官

1.1.1　3D 打印的定义

　　3D 打印（3D Printing）是快速成型技术（Rapid Prototyping，RP）中的一种，是将 CAD 数据通过成型设备以材料堆积累加的方式制成实物模型的技术。

简单来说，3D 打印采用分层加工、叠加成型、逐层增加材料的方式来"打印"，其打印原理如图 1-2 所示。

由于 3D 打印的整个流程是打印机通过对计算机中三维软件的识别，进行 STL（三角网格格式，3D 打印机常用的格式）转换，再结合切层软件确定摆放方位和切层路径，并进行切层工作和相关支撑材料的构造，可以直接制作出三维立体模型，也被形象地称为三维打印，在我国的台湾地区还被称为三维列印。

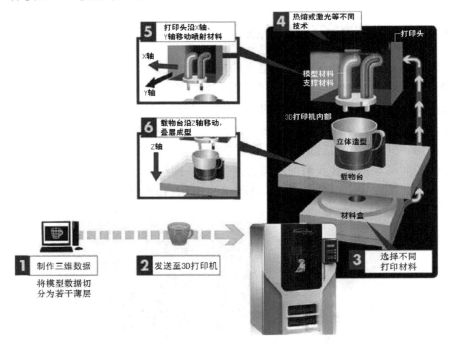

图 1-2　3D 打印原理图

1.1.2　3D 打印的特点

3D 打印又被称为增材制造（区别于传统的减材加工）和积层制造（Additive Manufacturing, AM），是目前最具有生命力的快速成型技术之一，具有以下特点：

1）3D 打印运用可黏合的材料，通过一层层打印的方式来构造物体，这一成型过程不再需要传统的刀具、夹具和机床就可以打造出任意形状。3D 打印改变了通过对原材料进行切削、组装进行生产的加工模式，它可以自动、快速、直接和精确地将计算机中的设计转化为模型，实现了随时、随地、按不同需要进行生产制造。

2）与传统的金属制造技术相比，3D 打印技术采用的是增料的加工方式，相对于数控机床的减料加工就避免了对原材料的浪费，制造时产生较少的副产品。随着打印材料的进步，"净成形"制造可能成为更环保的加工方式。同样的一个东西，它的用料只有原来的 1/3 ～ 1/2，这就降低了加工材料成本。3D 打印机的制造速度相对较快，比数控机床快了 3 ～ 4 倍，不需要工人值守，节省了人力，尤其是在打印复杂造型的时候，这种优势更加明显。

3）3D 打印技术综合应用了 CAD/CAM 技术、激光技术、光化学以及材料科学等诸多方面的技术和知识，让产品设计、建筑设计、工业设计、医疗用品设计等领域的设计者第一时间方便、轻松地获得实物模型，便于重新修订 CAD 设计模型，从而有效地缩短产品研发周期、提高产品质量并缩减生产成本。

4）3D 打印能加工制作现有的加工工艺及技术无法实现的结构。很多从事三维设计的设计师发现，在设计完图样进入开模具制作阶段时，部分设计结构无法进行模具制作，而对于 3D 打印，只要能画得出三维零件，3D 打印机就能打印实现。比如有些产品的实心部分，因为工艺及技术所限无法掏空。而 3D 打印机就可以通过打印参数设计，实现对这部分结构的空心化处理。有些奇怪的结构，常规工艺需要多零件拼接成型，而 3D 打印机可以一体打印成型。如图 1-3 所示的哨子，打印机可以一次性打印出哨子外壳和内部的球体，里面的球体是活动的。理论上只要是计算机可以设计出来的造型，3D 打印机都可以打印出来，消费者只需下载设计图，就可以在数小时内打印出自己想要的任何东西，满足了人们的个性化需求。

5）3D 打印机打印精度高，除了可以表现出外形曲线上的设计以外，结构以及运动部件也不在话下。如果用来打印机械装配图，齿轮、轴承、拉杆等都可以正常活动，而腔体、沟槽等形态特征位置准确，甚至可以满足装配要求，打印出的实体还可通过打磨、钻孔、电镀等方式进一步加工，如图 1-4 所示。

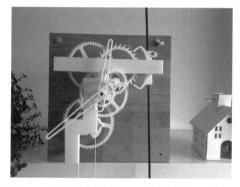

图 1-3　3D 打印的哨子　　　图 1-4　可正常活动的 3D 打印机械运动结构

6）对当今的制造机器而言，在切割或模具成型过程中将多种原材料融合在一起，结合成单一产品是很困难的。随着多材料 3D 打印技术的发展，我们有能力将不同原材料融合在一起。以前无法混合的原料混合后将形成新的材料，这些材料色调种类繁多，具有独特的属性或功能。不限于砂型材料，还有弹性伸缩、高性能复合、熔模铸造等其他材料可供选择。

7）3D 打印的数据文件可以远程传输，就像数字音乐文件一样，可以被无限复制，音频质量并不会下降。未来，3D 打印将数字精度扩展到实体世界，我们可以扫描、编辑和复制实体对象，创建精确的副本或优化原件。将数字文件通过网络远程传送的方式传送给世界上的任何一个角落，可以将大型的打印任务以众包的形式分散给各个拥有 3D 打印机的工厂或者个人，打印后再统一组装起来，比如我国的一个 3D 打印行业网站发起的打印马云头像的众包任务和美国发起的一项全球协作打印富兰克林头像的任务（在 1.4 节"3D 打印未来所带来的变革"中，将详细介绍这种众包形式）。

1.2　3D 打印机分类

1.2.1　从技术原理上分类

在 Andreas Gebhardt 关于 3D 打印技术的书籍 *Understanding Additive Manufacturing* 中，列举了很多种 3D 打印技术，其中以熔融沉积成型技术、激光立体印刷术、数字化光照加工技术、选择性激光烧结技术、三维打印技术较为常用。

1.　以高分子聚合反应为基本原理

（1）激光立体印刷术（Stereolithography）　简称 SLA，国外公司以 Objet（已和 Stratasys 合并）和 Formlabs 为代表，所用材料为光敏树脂，技术非常灵活，适用于精度要求高的领域，成品有非常好的表面质量，如图 1-5 所示。

（2）数字化光照加工技术（Digital Light Processing）　简称 DLP，和 SLA 相似，打印速度比 SLA 快，所用材料也为光敏树脂，打印精度高，在珠宝首饰、牙科、动漫方面应用较多。图 1-6 为 MoonRay DLP 光固化 3D 打印机。

图 1-5　SLA 3D 打印机和打印成品

图 1-6　MoonRay DLP 光固化 3D 打印机

利用高分子聚合反应为原理的打印机还有几种，比如利用高分子打印技术（Polymer Printing）、高分子喷射技术（Polymer Jetting 或 PolyJet）和微型立体印刷术（Micro Stereolithography）的打印机。

2. 以烧结和熔化为基本原理

（1）选择性激光烧结技术（Selective Laser Sintering） 简称 SLS，国外以 3D 打印行业龙头 3D Systems 公司和德国 EOS 公司为代表，国内以华曙高科为代表，工业上较为常用，可以烧结尼龙粉末、金属粉末、树脂沙、尼龙＋矿物纤维、尼龙＋玻璃纤维等材料，广泛应用在电动工具、电器开关、家电产品、风机叶轮、汽车零件、无人机、医疗器械等领域。图 1-7 为国产 SLS 3D 打印机。

图 1-7　国产 SLS 3D 打印机

（2）选择性激光熔化技术（Selective Laser Melting） 简称 SLM，是采用中小功率激光快速完全熔化选区内金属粉末，快速冷却凝固的技术，由 SLS 演化而来，但区别是 SLM 在加工过程中金属粉末完全熔化，经散热冷却后可实现与固体金属冶金焊合成型，因此成品具有密度更高的优势。

（3）电子束熔化技术（Electron Beam Melting） 简称 EBM，利用电子束快速扫描成型熔融区，用金属丝按电子束扫描线步进放置在熔融区上，电子束熔融金属丝形成熔融金属沉积，在惰性气体隔绝保护下或真空状态下，电子束可以处理铝合金、钛合金、镍基高温合金等。20 世纪 90 年代美国麻省理工学院和普惠公司联合研发了这一技术，并利用它加工出大型涡轮盘件。电子束熔化成型能获得比精密铸造更精确的零件胚形，可以减少 70% ～ 80% 机械加工的工时及成本。

3. 以粉末 - 黏合剂为基本原理

（1）熔融沉积成型技术（Fused Deposition Modeling） 简称 FDM，著名代表有 Reprap 开源项目、MakerBot 和 Stratasys 公司。我国 3D 打印机市场上的家用机器大部分是从 Reprap 开源项目拓展而来，图 1-8 所示为国产 FDM 3D 打印机。材料以 ABS、PLA 为主，以其优惠的价格以及日渐提高的打印质量颇受消费者欢迎。

图 1-8　国产 FDM 3D 打印机

（2）三维打印技术（Three Dimensional Printing） 简称 3DP，代表企业 Zcorp（已被 3D Systems 收购）和 Voxeljet 公司所用原料为石膏粉，可以打印全彩模型。

4. 层压制造技术

层压制造技术（Layer Laminate Manufacturing，LLM）又被称为分层实体制造（LOM），常用材料是纸、金属箔、塑料膜、陶瓷膜等。激光切割系统按照计算机提取的横截面轮廓线数据，将背面涂有热熔胶的材料用激光切割出工件的内外轮廓。切割完一层后，送料机构将新的一层材料叠加上去，利用热黏压装置将已切割层黏合在一起，然后再进行切割，这样一层层地切割、黏合，最终成为三维工件。此方法除了可以制造模具、模型外，还可以直接制造结构件或功能件。

5. 气溶胶打印技术

气溶胶打印技术（Aerosol Printing）是近年来新出现的一种打印技术，通过将形成的气溶胶喷射至基底表面而成膜，打印分辨率好、适用范围广。它利用空气动力学原理实现了纳米级材料的精确沉积成型，能制作精细的功能电路和嵌入式组件而无须使用掩模或其他模具，可以有效减小电子系统的整体尺寸。这种技术可以制造线宽和电路结构达到 $10\mu m$ 级的功能性电子芯片。

6. 生物绘图技术（Bioplotter）

可采用多种生物材料的快速成型打印机，将三维 CAD 模型和患者的 CT 扫描数据转变为实体的 3D 生物支架，其制作的生物支架具有符合设计要求的外在形式和开放的内在结构。适合在生物材料要求的无菌环境下进行生物组织制造，例如使用海藻悬浮细胞打印生物支架。制作生物支架所运用的材料范围最广，从聚合物熔体、软凝胶到硬陶瓷、金属都有。

（1）骨骼再生　　羟磷灰石（Hydroxyapatite）、钛（Titanium）、磷酸三钙碳（Tricalcium Phosphate）。

（2）药物控释　　聚己内酯（PCL）、聚乳酸（PLLA）和乳酸 - 羟基乙酸共聚物（PLGA）。

（3）软组织生物结构 / 器官打印　　琼脂（Agar）、壳聚糖（Chitosan）、藻朊酸盐（Alginate）、白明胶（Gelatine）、骨胶原（Collagen）和纤维蛋白（Fibrin）。

（4）概念模型　　聚氨基甲酸酯（Polyurethane）、硅酮（Silicone）。

1.2.2　从打印精度和适用范围分类

从打印质量精度和适用范围上来看，可以分为桌面级和工业级 3D 打印机。

1. 精度

现阶段桌面级 3D 打印机的精度大约在 0.1mm，打印出来的产品会有很明显的分层感，工业级打印机的精度则可以精确到几微米，如图 1-9 所示。

图 1-9　工业级 3D 打印机

2．适应材料

对于工业级的 3D 打印机来说，目前可以用于打印的材料已经较为丰富，比如塑料、金属、玻璃，甚至可以打印类似木材的材料。图 1-10 为工业级 3D 打印机打印的金属件。

图 1-10　工业级 3D 打印机打印的金属件

而对于桌面级的产品来说，目前能使用的材料还仅限于 ABS、PLA、HIPS 等塑料材质，这也限制了桌面级 3D 打印机的适用范围。

3．价格

从价格上看，目前大多数桌面级 3D 打印机的售价为几千到上万元人民币，工业级 3D 打印机的价格从几十万到几百万不等，价格因素无疑是目前 3D 打印机普及的最大障碍。

此外，从应用行业上来说，有为特定行业服务的陶瓷打印机、巧克力打印机、服装打印机等。

1.3　3D 打印应用行业

3D 打印机应用范围之广是我们无法想象的，可以用于珠宝、鞋类、工业设计、建筑、汽车、航空航天、牙科和医疗产业、教育和地理信息系统，甚至食品等很多领域。从理论上来说，只要是能够在计算机上绘制成型的产品，都可以通过 3D 打印机实现。下面通过 3D 打印机在各行业打印的那些美妙绝伦的产品，来畅想一下 3D 打印所创造的未来。

1.3.1　汽车制造业

3D 打印适用于汽车设计制造的原型制造和模具开发等环节。现阶段，3D 打印技术在汽车行业的应用主要在以下三个方面：

1）提高产品设计的速度和性能，包括用于功能性测试的样件生产，以及生产过程中应用模具的开发制造。

2）在维修环节的零部件直接制造。

3）个性化和概念汽车部件的直接制造。

例如摩根汽车（Morgan Motor），这家英国手工汽车品牌，106 年以来一直坚持用手工为用户打造高端汽车。这种高度定制化，唯有 3D 打印技术与之更加贴合。在 2015 年 5 月开幕的伦敦 3D 打印展上，该公司现场展示了 3D 打印机制造的限量版汽车"Special Project 1"（简称 SP1），如图 1-11 所示。3D 打印公司 Stratasys 的代表介绍："摩根公司在车内使用了很多直接 3D 打印的定制部件，包括内饰、后视镜、格栅、标志等。"摩根公司除使用 3D 打印技术为 SP1 和其他定制车型 3D 打印部件外，工程师用来手工制造汽车部件的制造工具，大部分也由 3D 打印而成。可以看出，汽车制造商已经充分认识到 3D 打印技术在高端定制的细分市场中的重要性。

图 1-11　3D 打印机制造的摩根公司汽车"Special Project 1"

1.3.2　考古与古生物学

众所周知，很多文物非常珍贵，不可能经常搬动，3D 打印技术则可以复制这些文物，比如瓷器、青铜器等。博物馆里常常会用很多替代品来保护原始作品不受环境改变或意外事件的损害，复制品也能将艺术品或文物的影响传播到更多更远的地方。

　　日本的寺院已经采用 3D 打印来复制佛像。例如，日本岛根县江津市有一尊身高 90cm 的佛像，塑造于镰仓时代。寺院的住持知道了 3D 打印复制技术后，决定给珍贵的原版做个复制品。除了不怕被盗以外，3D 打印的佛像也不再害怕火灾和虫蛀，如图 1-12 所示。

图 1-12　日本寺院采用 3D 打印技术保护佛像

　　对文物进行 3D 打印复制可对文物实现保护的同时，也产生了另一个新的问题，就是如何对打印的文物赝品进行鉴别。

　　在古生物学领域，可以通过 3D 打印来复制整个古生物的骨架和造型，让研究人员更立体地进行研究。美国德雷塞尔大学的研究人员通过对化石进行 3D 扫描，利用 3D 打印技术做出了适合研究的 3D 模型，不但保留了原化石所有的外在特征，同时还做了比例缩减，更适合研究。

1.3.3　建筑行业

　　如果不是从事建筑学专业，恐怕没有几个人能够在看建筑图纸的同时就在头脑中构想出建筑物的 3D 形状。通过手工制作建筑模型成本很高，而通过 3D 打印技术却可以很容易地在短时间内打印出一个建筑模型。即使客户有修改意见，同样可以短时间内就完成修改，提高设计阶段的效率。在国内外的建筑行业甚至地理地貌研究中，已经有不少设计师、工程师通过 3D 打印机打印建筑模型和沙盘模型，不仅成本更为低廉，而且更接近设计师的原始构思，提高了工作效率，节省了大量的建筑原材料，如图 1-13 所示。

图 1-13　3D 打印技术打印建筑模型

1.3.4　医学和生物科学

3D 打印在医学上的应用很多，特别是在修复性医学领域，个性化需求十分明显。医疗领域用于治疗个体的产品，基本上都是定制化的，不存在标准的量化生产。而 3D 打印技术的引入，降低了定制化生产的成本。

其主要应用有：

1）修复性医学中的人体移植器官制造，如假牙、骨骼、肢体等。

2）辅助治疗中使用的医疗装置，如齿形矫正器和助听器等。

3）手术和其他治疗过程中使用的辅助装置。

外科医生对一些复杂的手术往往只能通过 CT、核磁共振等医学影像资料进行可能的判断，然后进行手术，但是有时候病灶的复杂程度远远超出想象，手术成功率低。3D 打印技术可以利用已有的医学影像资料，先打印一个 3D 的模型出来，通过在模型上进行模拟，进而确定可行的手术方案。

目前，国内口腔界已能利用 3D 打印技术打印出义齿基托，用树脂重建颌骨以及牙齿。图 1-14 为 MoonRay DLP 光固化 3D 打印机打印的牙齿模型。

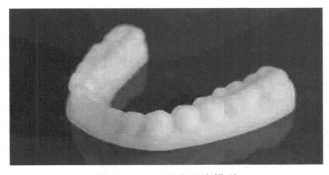

图 1-14　3D 打印牙齿模型

而大家寄予厚望的可移植器官的 3D 打印，有赖于生物材料、干细胞、组织培养等多学科的突破。有的技术是先用生物材料打出"骨架"，然后在它上面进行干细胞培养，诱导形成组织；有的技术则设想直接打印生成器官；更大胆的想法，是用打印机直接在人体上打印，省去了植入的过程。当然，暂时还有材料、生物活性等各方面的问题亟待解决。

1.3.5 航空航天领域

3D 打印技术在航空航天领域的主要应用包括：

1）无人飞行器的结构件加工。

2）生产一些特殊的加工、组装工具。

3）涡轮叶片、挡风窗体框架、旋流器等零部件的加工。

波音公司是率先将 3D 打印技术应用于飞机设计和制造领域的国际航空制造公司。通用电气公司前期收购了 Morries Technologies 等 3D 打印公司，从 2016 年起，生产第一个增材组件——燃油喷嘴。西门子公司从 2014 年 1 月起在发电和维修部门运用 3D 打印生产备件和发动机涡轮。

美国航空航天局（NASA）甚至发射 3D 打印机到国际空间站，进行工具和零件的打印，如图 1-15 所示。

图 1-15　宇航员利用 3D 打印机打印零件

1.3.6 娱乐艺术领域

3D 打印机还可根据电子游戏、三维动画和其他的三维数据轻松制作雕像和角色。在电影中，我们看到过很多演员扮演的类人形的怪物，好莱坞这样的制片基地，以前都是通过手工技术来进行这些特殊的造型，如今已经普遍采用 3D 打印技术，可以很方便地打印出个性化的怪物头套和全身装备，效果可以乱真。

3D 打印巨头 Stratasys 与 Legacy Effects 的工程师、技术人员合作制作出几十个 3D 打印部件，并将这些部件组装成 14ft 高的巨兽。Legacy Effects 公司曾为《钢铁侠》《阿凡达》《环太平洋》《机械战警》等影片 3D 打印制作过多个银幕角色。图 1-16 所示为特效公司采用 3D 打印机打印的钢铁侠。

图 1-16　特效公司采用 3D 打印机打印的钢铁侠

　　在艺术设计领域，国内的艺术类院校已经开始用 3D 打印机和 3D 打印笔来进行服装、饰品等艺术品的设计和艺术创造，雕塑、工业设计等专业用 3D 打印机来设计雕塑和工业产品。结合三维软件的优势和超前的艺术设计理念，艺术类高校师生使用 3D 打印机设计和创作更是得心应手。编者就曾为大连工业大学服装学院 3D 打印制作服装人台，如图 1-17 所示。大连工业大学很多服装设计和首饰专业的学生也选用 3D 打印机来制作服装上的首饰和配饰，如图 1-18 所示。

图 1-17　大连工业大学 3D 打印服装人台

图 1-18　3D 打印首饰和配饰

1.3.7　食品行业

尽管 3D 打印机短期内还无法普及到千家万户，但是一个特别有吸引力的功能，便是食物打印。只要准备合适的面粉、糖类等食物原料，就可以打印出糖果、巧克力、意大利面，甚至是饺子，不需要复杂的烘焙或技巧。图 1-19 为 3D 打印机打印的糖果。

图 1-19　3D 打印机打印的糖果

食物 3D 打印机配合传统计算机所用的 CAD 设计软件，可以把特定材料放在特定位置，逐行逐层铺上去，还可以通过计算机和云数据来调节人所需要的营养。使用食物打印机制作食物可以大幅缩减从原材料到成品的环节，从而避免食物加工、运输、包装等环节的不利影响。厨师还可借助食物打印机发挥创造力，研制个性菜品，满足挑剔食客的口味需求。

食物 3D 打印机的普及成功，势必大大改变人类的生活面貌。这并非科幻小说里的内容，荷兰 2012 年就研制出打印各种造型食品的食物打印机。西班牙 Natural Machines 发明了一款名为 "Foodini" 的 3D 食物打印机。全球知名的意大利面制造商百味来（Barilla）计划在未来几年内在餐厅里推出 3D 打印食物。美国军方和航空航天局都推出自己的食品 3D 打印机。我国已经研制出可以打印巧克力的 3D 打印机，如图 1-20 所示。

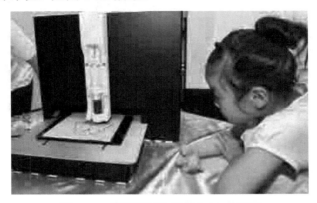

图 1-20　我国研制的巧克力 3D 打印机

1.4　3D 打印未来所带来的变革

1.4.1　3D 打印与创造性智商

我们都知道情感智商（情商）、财富智商（财商），编者根据 3D 打印技术的发展，提出一种和创造力有关的智商——"创造性智商"（创商）。

因为 3D 打印最让人兴奋的地方就是它打破了想象与打印出来的真实物体之间的障碍。你只要敢想，大胆创意，把物体设计出来，然后轻轻按一下 3D 打印机的按键，想法就会真切地出现在你面前。实现这些天马行空的想法，最关键的不是机器，而是头脑中的创意，和 3D 打印密不可分的就是这种创造性智商。有了 3D 打印机对创造性智商的培养和拓展，可大大拓展我们的思维，使来自不同行业的许许多多的创新者利用 3D 打印机而引爆更多的创新项目。这种创造力革命所带来的影响不仅仅限于工业制作的革命层面，它甚至会引发一个智慧爆炸的时代。

对于家庭用户来说，使用 3D 打印机前最重要的问题就是拿 3D 打印机来制作什么和如何制作。在打印一个物品之前，人们必须先懂得 3D 建模，再进行打印。而建模就是一个创新和创造的过程，要求大家形成创造性思维和运用 3D 建模软件设计的习惯，也就是发挥和培养创造性智商，大胆想和大胆做。对整个国家发展来说，普及推广 3D 打印是推动整个民族创造性智商和创意能力的重要举措。

1.4.2　3D 打印创业与创客

"创客"一词源自《连线》前总编克里斯·安德森创造的英文单词"Maker"，是指那些出于兴趣爱好，把各种创意转变为现实产品的人。随着 3D 打印技术的逐步推广，这意味着人人都有可能成为创客，都可以将自己的理念转化成现实，创业也将非常容易，每一个通过 3D 打印开发的新项目都可以创出新业。

借助 3D 打印技术，3D 打印的"制造＋服务"模式会改变人类现有的生活方式。人们已经厌倦了千篇一律的同质化的物品和服务，开始追求更高层次的个性化、定制化。新媒体、社交网络满足了人类在精神层面的个性化需求，而 3D 打印正是实现物质个性化的最佳解决方案。3D 打印技术实际上是一种介于第二产业和第三产业之间的"2.5 产业"，能够在产品的制造环节融入服务的功能，使工业产品高度定制化、个性化。未来的模式是"你想要什么，就有人为你定制来生产什么，你再买什么"，私人定制的需求会越来越旺盛。3D 打印技术，正是进行私人定制的利器，越来越多的家庭会应用 3D 打印机来成为小型化的工厂，成为创客。

因此，3D 打印带来的开放式设计、定制化生产和分布式生产皆可以用相对合理的成本实现。3D 打印将由此引发真正意义上的制造业革命，产业组织形态和供应链模式都将被重新构建，带来无穷的创新空间。

比如国外的创客团队用众包的模式，按 1:1 的比例 3D 打印当地 Walters 艺术博物馆的优秀艺术作品。如对原作富兰克林头像进行 3D 扫描并建模之后，把该模型分割成许多个部分，由全世界的志愿者认领并用自己的 3D 打印机打印出来，然后再集中拼到一起，如图 1-21 所示。

图 1-21　众包 3D 打印富兰克林头像

我国的 3D 打印行业网站也采取众包的形式，组织全国 100 多位 3D 打印企业和个人打印马云头像，所涉及的 3D 打印技术包括 FDM、SLA、DLP、3DP、SLS 和 SLM，材料涉及塑料、尼龙、树脂和金属等。全国各地的网友，把自己打印好的模块快递到北京，由组织者集中拼装成为一个完整的头像。图 1-22 为众包的 3D 打印马云头像。

图 1-22　众包 3D 打印马云头像

互联网改变了人们的购物方式，现在大多数人都会到网上进行购物，都会逛天猫、淘宝、京东这些电商平台。然而，3D 打印时代的到来，特别是工业 4.0 时代的到来，可能会使得人们获取商品的方式产生变化。国内已经有让创意者、厂家、消费者直接沟通的 CBC 平台，也就是 3D 打印创意界的"淘宝"，消费者在商城里购买到好的设计点子或相关的 3D 产品数据，可以在平台上下单，经过 3D 打印制作、验证、运作等流程，转化成汽车、航空、医学、电子电器、日用品等实体产品。

第 2 章　3D 打印建模方式

学习 3D 打印，最关键的一步是学会用不同方式建立模型文件，让建好的数据模型通过 3D 打印机打印出来，最终成为现实。因此，本章将介绍不同的建模方式，常见的有照片建模、扫描建模、软件建模和网页在线建模等几种。

2.1　照片建模

照片建模的优点是成本低、时间短、可批量自动化制作、模型较精准。利用照片建模的软件有很多，如 my3Dscanner、insight3D、3Defy、国产的 3Dcloud 等，这些软件都可以让用户无须建模即可直接从照片制作三维模型。

Creative Dimension 3DSOM 处理效果也极佳，可以申请 14 天免费试用版，下载地址为 http://www.3dsom.com/buy-now/。

俄罗斯的软件 Agisoft 可 30 天全功能试用，感兴趣的读者可以去 https://www.agisoft.com 下载。

2.1.1　照片建模软件 Autodesk 123D Catch

照片建模最常用的是 Autodesk 公司的 Autodesk 123D，它拥有 3 款工具，其中包含 Autodesk 123D、Autodesk 123D Catch 和 Autodesk 123D Make。Autodesk 123D Catch 利用云计算的强大能力，可将数码照片迅速转换为逼真的三维模型。使用傻瓜相机、手机或高级数码单反相机拍摄物体、人物或场景，人人都能利用 Autodesk 123D 将照片转换成生动鲜活的三维模型。基本使用步骤如下：

1）利用相机对物体或者人像从多个角度进行拍摄，如图 2-1 所示。

2）打开 Autodesk 123D Catch 软件，单击对话框左边的第三个选项"Create an Empty Project"（创建空的项目），如图 2-2 所示。

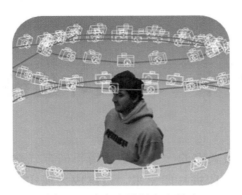

图 2-1　多角度拍摄多张照片

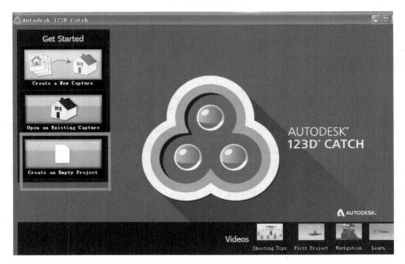

图 2-2　创建空的项目

3）在打开的对话框里，单击右上角的"Sign In"按钮，进行账号申请并登录，如图 2-3 所示。

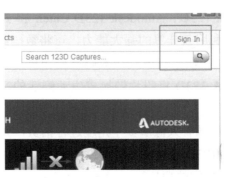

图 2-3　注册和登录

4）登录成功后，重新打开软件，单击对话框的第一个选项"Create a New Capture"（创建新的项目），如图 2-4 所示。

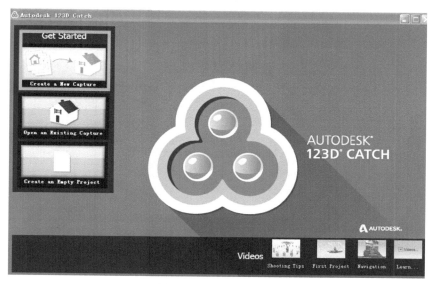

图 2-4　创建新的项目

5）导入拍摄的多张图片并上传，如图 2-5 所示，由软件进行云计算。

图 2-5　导入图片

6）选择生成模型的收取方式，如图 2-6 所示，可选择"Wait"（等待）或者"Email Me"（通过邮箱）。

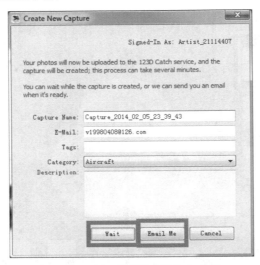

图 2-6　选择生成模型的收取方式

7）生成的模型文件经过 Netfabb 或者 MeshLab 软件修复错误后，就可以供 3D 打印机打印使用了，如图 2-7 所示。

图 2-7　完成模型

2.1.2　使用照片建模软件的注意事项

使用照片建模软件进行建模，可以应用以下的经验：

1）尽量使用单反相机来拍摄图片，单反相机像素高，且图片清晰。

2）在光线允许的情况下尽量用小光圈来拍摄，因为使用大光圈拍摄的景深太浅，容易使图片模糊，造成建模效果不好。

3）尽量在不同角度和高度多拍摄些照片，拍照的密度越高（每次拍照的角度变换越小），最后生成的 3D 模型也会越精细。

4）为了提高云端建模的成功率，拍摄时一定要注意角度的过渡要圆滑，尤其是几何形状丰富的物体更要多拍几张，尽量利用一些摄影技巧避让其他物体，让主体更加突出，建模的成功率会大大提升。

5）在安装照片建模软件的过程中，一定要用英文和数字表示路径，如果用中文的文件夹安装可能会造成软件无法使用。

2.1.3　基于手机的照片建模应用

还有的照片建模软件推出了基于智能手机的版本，让用户使用更便捷，使用手机或平板电脑拍摄照片就可以形成 3D 打印的模型。

Autodesk 公司一直以来在 3D 打印建模、个性化定制 3D 模型上占有地位，对于近年来移动端的争夺也投入了很大气力，推出了安卓版和 iPad 版的移动端照片建模软件 Autodesk 123D Catch，配合 Autodesk 公司的其他建模软件，如123D Creature、123D Sculpt、Tinkerplay，使定制一个栩栩如生的形象变得非常容易。读者可以在 App Store 或者安卓应用商店下载这些应用程序。

Smoothie 3D 是基于网络的，而且 100% 免费。这款 3D 建模软件非常简单易用，它主要使用用户从一张照片上勾勒出来的部分作为基础数据生成 3D 模型，并使其与背景分离。这种直观的方式给人的感觉更像描摹，如图 2-8 所示。

图 2-8　Smoothie 3D 界面

美国 3D Systems 公司研发团队推出兼容智能手机与平板电脑的全新应用"Cubify Draw"，用户可在 App Store 下载，只用简单的几笔就可以画出一个基本轮廓，软件会生成一个三维模型。

华为 2017 年发布一款手机，该手机具备双摄 3D 建模功能，用户只要拍一张照片，手机就可以通过激光对焦技术快速获得人脸数据，再利用双镜头来测算空间深度信息，最后导出一个与我们身形同比例缩小的三维立体模型。

2.2　扫描建模

通过 3D 扫描仪可以非常快捷方便地建立三维模型，也就是把实物通过三维扫描的办法，形成数字化的 3D 模型。试想一下，扫描实物，得到数据文件，通过数据文件打印出实物模型，将数据文件远程传输到世界各地。互联网实现了数据的传输，而 3D 打印实现了实物的复制，如图 2-9 所示。

图 2-9　模型数据和实物的无限复制

2.2.1　3D 扫描仪

3D 扫描仪又被称为立体扫描仪、三维扫描仪等。3D 扫描仪的用途是创建物体几何表面的点云，这些点云可用来插补成物体的表面形状，点云越密集，创建的模型越精确。3D 扫描仪按工作原理可以分为激光 3D 扫描仪、光学 3D 扫描仪和机械式 3D 扫描仪。一般扫描大的场景（例如一个大房间）就要用激光扫描。如果要扫描一个牙齿、一个轴承，现在用得最多的就是光栅式的三维扫描方式；这种方式精度要高很多，可用于航天与医疗行业。

常见的 3D 扫描仪有两种，一种是接触式的，一种是非接触式的。目前非接触式的光栅 3D 扫描仪是市场上的重点产品，特点是速度快、精度高、可扫描的物体体积大，如图 2-10 所示。

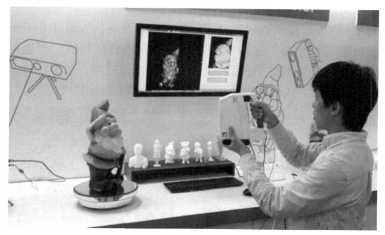

图 2-10　手持 3D 扫描仪

3D 打印厂家也开发出了小巧的 3D 扫描仪，如图 2-11 所示。配合自己生产的 3D 打印机使用，这样 3D 打印机就具备了扫描复制、数据传输和打印的功能，和传统的平面打印机带有的复印功能极为相似。

图 2-11　小巧的 3D 扫描仪

2.2.2　其他 3D 扫描方法

此外，你也可以自己动手，利用 3D 成像装置，例如微软 Kinect 中的摄像头，自制这样的扫描仪，配合 ReconstructMe 软件使用。

还有厂家已经开发出了将手机变成扫描仪的应用，比如 Trimensional，这是一个 iPhone 手机的应用，可以将扫描的 3D 脸部造型直接输出为 STL、OBJ 等常用的打印格式，方便 3D 打印机直接制作。

微软的 3D 物体重构和识别研究团队推出了一款名为 MobileFusion 的软件应用，无需任何形式的外部附加组件，可让任何人用普通相机、平板电脑或智能手机来扫描 3D 物体。该算法使用的是一种多图成像技术，类似于人眼的成像机制，用户可以在应用中实时创建高质量 3D 模型，如图 2-12 所示。

图 2-12 手机 3D 扫描应用

vivo 也公布了三维扫描手机，通过 vivo 手机内置的扫描功能可以现场扫描人物头像，并现场使用高精度 3D 打印机打印出头像，整个过程仅需一个小时。

可以预见，未来更多的手机软件和硬件将使扫描建模变得非常容易，让更多人应用 3D 打印来创作。

2.3　软件建模

2.3.1　三维建模专业软件

3D 打印建模软件，主要分为 CAD 软件和 CG 软件两种。CAD 主要用于将标有精确尺寸的图像进行 3D 化，主要针对需要参数化建模设计的机械零件一类的应用，一般的三维 CAD 软件都能胜任，在校学生使用 UG 和 AutoCAD 这两种软件比较多，也有很多人使用 SolidWorks，另外 Pro/E、CATIA 等都是功能非常强大的软件。

Rhino（犀牛）也是功能强大的专业 3D 造型软件，它可以广泛地应用于三维动画制作、工业制造、科学研究以及机械设计等领域。

　　而 CG 软件主要指对素描等手绘图案进行立体化的软件，如 3ds Max、Maya、ZBrush 等，艺术类院校师生和游戏动漫产业使用较多，应用范围较广。本书在第 3 章中将以 3ds Max 专业建模软件为例，详细介绍 3D 打印建模过程。

2.3.2　免费开源的 3D 模型设计软件

　　除了以上专业的建模软件，还有很多简单、容易上手且免费开源的 3D 建模软件，下面列举出来供深入研究软件的爱好者参考。

　　（1）Blender　　Blender 是最受欢迎的免费开源 3D 模型制作软件套装。它功能非常强大，一开始学比较难；但是一旦学会了，用起来非常方便。

　　（2）OpenSCAD　　OpenSCAD 是一款基于命令行的 3D 建模软件，特长是制作实心 3D 模型。支持跨平台操作系统，包括 Linux、Mac 和 Windows。

　　（3）Art of Illusion　　Art of Illusion 是免费、开源的 3D 模型和渲染软件。亮点包括细分曲面模型工具、骨骼动画和图形语言。Art of Illusion 是在 Reprap 开源社区使用最广泛的 3D 模型软件。

　　（4）FreeCAD　　FreeCAD 是来自法国 Matra Datavision 公司的开源免费 3D CAD 软件，是一个功能化、参数化的建模工具。FreeCAD 的直接用户是机械工程、产品设计人员，当然也适合工程行业内的其他广大用户，比如建筑或者其他特殊工程行业。

　　（5）Wings 3D　　Wings 3D 适合创建细分曲面模型。它容易学习，功能强大。

　　（6）BRL-CAD　　BRL-CAD 是一款强大的跨平台开源实体几何（CSG）构造和实体模型计算机辅助设计系统。

　　（7）SketchUp　　SketchUp 是谷歌的一个免费交互式的 3D 模型程序，不仅适合高级用户，也适合初学者。它上手非常容易，但是缺少一些高级功能。

　　（8）MeshMixer　　MeshMixer 是一个 3D 模型工具，也是 Autodesk 公司的产品。它能够通过混合现有的网格来创建 3D 模型，支持 Windows 和 Mac 系统，可以简单直接地制作一些类似"牛头马面"的疯狂混合 3D 模型。

　　（9）MeshLab　　MeshLab 是 3D 发展和数据处理领域非常著名的软件，是一个网格处理系统。它可以帮助用户处理在 3D 扫描捕捉时产生的典型无特定结构的模型，还为用户提供了一系列工具编辑、清洗、筛选和渲染大型结构的三维三角网格（典型三维扫描网格）。

　　（10）Sculptris　　Sculptris 是一款 3D 雕刻软件，小巧却功能强大。用户可以像玩橡皮泥一样，通过拉、捏、推、扭等方式来形成模型。

（11）K-3D　　K-3D 是一个免费自由开放的三维建模、动画和渲染工具。它可以创建和编辑 3D 几何图形（多个实时 OpenGL 实体、阴影、纹理映射视图）；无限制地撤销还原与重做；有很高的可扩展性，能通过第三方的插件增强功能。

（12）MakeHuman　　MakeHuman 是一款专门针对人物制作、人体建模的 3D 软件。这款软件的亮点是可以让用户设计身体和面部细节，保持肌肉运动的逼真度。

（13）Blokify　　Blokify 是一款简单的 3D 建模应用程序，适用于 iOS 系统。任何人，包括儿童，都能轻松定制和 3D 打印想象中的模型。如果孩子们喜欢乐高玩具，喜欢搭积木，Blokify 比较适合。大家也可以在 App Store 上搜索并下载。图 2-13 为 Blokify 软件界面。

（14）3D Builder　　3D Builder 是微软推出的 3D 打印应用程序，它自带一系列模型对象，可供创建饰品、玩具和其他各类物体；其用户界面干净、简洁，供用户缩放、旋转和调整打印效果。3D Builde 程序可从 Microsoft Store 下载。

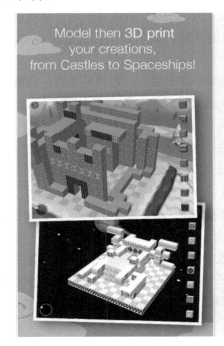
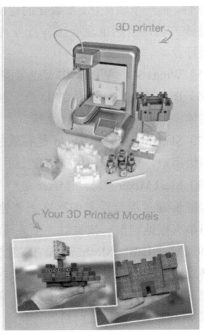

图 2-13　Blokify 软件界面

2.4 模型下载和网页在线建模

2.4.1 模型下载

学好一种建模软件是需要花费时间和精力的，如果 3D 打印机使用者没有时间来学习复杂的建模方式，也可以直接从国内外的网站上直接付费或者免费下载。以 Maker Bot 公司的 3D 打印模型分享网站为例，打开链接 https://www.thingiverse.com/，在搜索栏里输入想要的模型，比如想搜索和小狗相关的模型和用具，就可以输入英文"DOG"，结果出现上千种和小狗相关的模型，可以单击图片查看模型效果图和详细信息。下载后的模型一般都可以直接进行打印，如图 2-14 所示。

国内外常见的模型下载链接见附录 A。

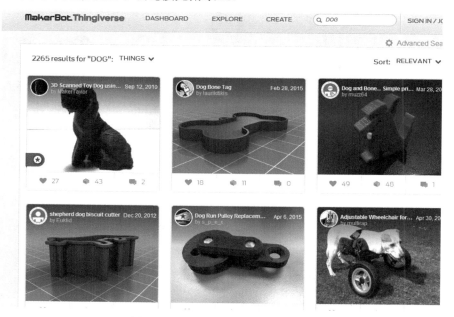

图 2-14 国外模型网站 thingiverse

2.4.2 基于网页的 3D 模型设计软件

网页版的 3D 打印模型设计软件，利用在线的互动工具可以直接达成建模想法，使用更为简单。较为常用的是 Tinkercad。

Tinkercad 是一个完全基于网页的 3D 建模平台和社区。无论是不是专业设计人员，都可以很方便地制作原型设计，并获得专业级的渲染效果，直接利用 Tinkercad 的在线互动工具创建打印机使用的 STL 文件。用户可通过链接 https://www.tinkercad.com 打开，如图 2-15 所示。Tinkercad 还有一个社区可以分享模型，大家也可以进行模型下载和上传。

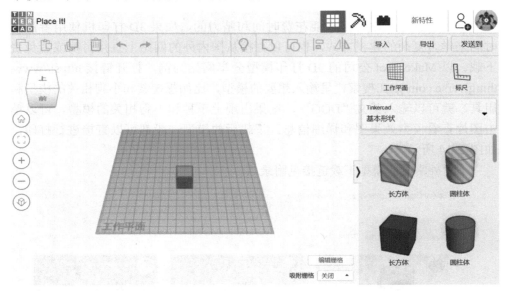

图 2-15　Tinkercad 软件界面

第 3 章 3ds Max 软件 3D 打印建模详解

3D Studio Max，常简称为 3ds Max，是一款用于游戏、影视等领域的多元 CG 软件。它不同于 UG、Pro/E、SolidWorks 等机械软件，其建模方式更开放，和其他 CG 雕刻软件可实现更完美的对接。3ds Max 建模能力强大，无论是家具、人偶模型，还是影视作品，都可由 3ds Max 作为基础建模软件来完成。许多建模师也从软件中总结了大量的理论和建模技术，并应用它们把活灵活现的创作展现在我们面前。3D 打印机可以解决手工雕刻很难解决或根本无法解决的问题，所以 3ds Max 和 ZBrush 等雕刻软件相配合创造出的复杂模型就拥有了非常好的成型平台。

3.1 3ds Max 建模软件界面

在本次建模创作中，使用 3ds Max 2012 完成所有的模型创作设计。
3ds Max 2012 中文版工作界面如图 3-1 所示。下面具体介绍：

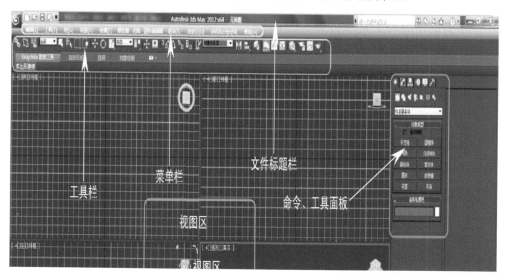

图 3-1 3ds Max 2012 中文版工作界面

1. 文件标题栏

文件标题栏用于文件的快速保存、新建、打开、查找、缩放、最小化以及关闭，单击左上角应用程序按钮，应用程序信息一目了然，如图 3-2 所示。

图 3-2　文件标题栏

2. 菜单栏

主要的命令与工具都在菜单栏中列出，方便了大家的使用，如图 3-3 所示。在熟练运用软件之后记住快捷键可以使创建模型的效率提升。

文件(F)　编辑(E)　工具(T)　组(G)　视图(V)　创建(C)　修改器　动画　图形编辑器　渲染(R)　自定义(U)　MAXScript(M)　帮助(H)

图 3-3　菜单栏

3. 工具栏

在 3ds Max 2012 菜单栏的下方有一栏工具按钮，称为工具栏，如图 3-4 所示。通过工具栏可以快速访问 3ds Max 中很多常见任务的工具和对话框。

图 3-4　工具栏

在 3ds Max 模型制作中，绝大部分的基本操作也是通过此工具栏完成的，包括对称、对齐、框选、回退、移动、旋转、缩放等操作。当鼠标移动到具体工作上面时，也会出现相对应的提示。

4. 命令、工具面板

当鼠标移动到具体指令上时会出现相对应的提示，这也是 3ds Max 的建模命令面板，几乎所有的模型都要通过这个面板来进行操作。命令、工具面板是整个 3ds Max 构造最复杂、最核心的部分，如图 3-5 所示。

5. 视图区与视图控制区

视图区位于界面的正中央，几乎所有的操作，包括建模、赋予材质、设置灯光等工作都要在此完成，如图 3-6 所示。还可以通过快捷键 Alt+W 切换单独的视图区，更加方便地观察每个模型。

图 3-5　命令、工具面板

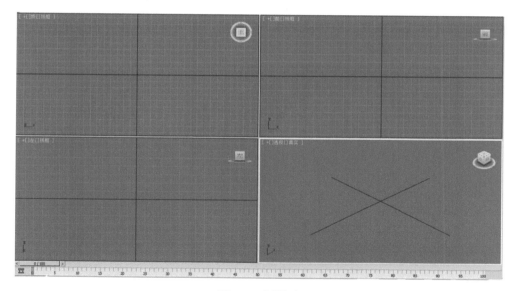

图 3-6　视图区

视图控制区位于工作界面的右下角，主要用于调整视图中物体的显示状态，通过缩放、平移、旋转等操作达到方便观察的目的。还可以通过右键单击任意面板中的按钮打开视口的配置栏，在其中调节更喜欢的视口配置，如图 3-7 所示。

图 3-7　视图控制区

6. 模型信息、状态栏

模型信息、状态栏用于显示物体的具体操作系数、模型坐标，也可以通过面板右侧坐标值来移动模型位置以及让模型坐标归 0，如图 3-8 所示。配合快速查看模型位置快捷键 Z 可方便操作。

图 3-8　模型信息、状态栏

3.2　3ds Max 常见建模工具应用实例

下面以 3ds Max 常见的建模工具开始进行 3D 打印建模的学习。（注：每一个实例的效果图放在小节的最后，读者可根据个人对软件的掌握情况参考学习。）

3.2.1　创建基本几何体应用实例——卡通雪人（钥匙链）

本节利用选择控制和创建基本体的功能来进行实例的讲解。

1）按快捷键 G 将网格关闭，方便观察视图。在右侧菜单选择标准基本体，在下面的各种几何体菜单中选择球体，单击后，在顶视图单击并拖曳创建出一个球体，如图 3-9 所示。

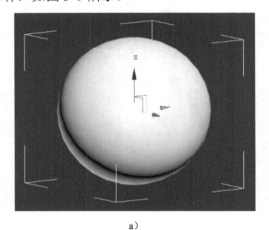

　　　　　　a)　　　　　　　　　　　　　　　　　　b)

图 3-9　创建模型主体球体

2）在参数下的半径输入框里输入数值 40（注：本章实例数值和图片稍有差异，一般情况下取整数或小数点后一位），然后打开几何体上方的自动栅格选项。

3）按快捷键 Ctrl+W，使视图最大化，在第一个球体的中心位置再创建一个球体，半径设定为 28.8。第一个球体作为雪人身体，第二个球体作为雪人的头部，如图 3-10 所示。

4）进行雪人模型帽子的创建。在几何体里单击圆锥体，圆锥体的第一半径输入 13.6，第二半径输入 10.4，高度输入 21，然后按住 Alt 键进行旋转观察，如图 3-11 所示。

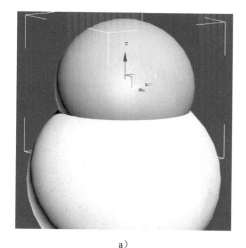
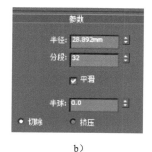

a)　　　　　　　　　　　　b)

图 3-10　建立模型头部

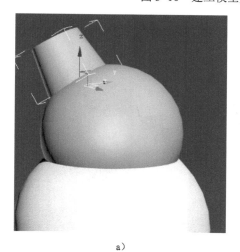

a)　　　　　　　　　　　　b)

图 3-11　模型帽子创建

5）回到前视图，按 W 键移动工具对雪人帽子进行位置的调整，将其移动到头部以内，按 F3 对齐进行实体显示。

6）转换到前视图，再画一个圆锥体作为鼻子，第一半径输入 1.8，第二半径输入 0.8，高度输入 18，然后将其旋转进行观察，如图 3-12 所示。

7）转换到顶视图，对雪人鼻子进行调整，雪人鼻子创建完毕。

8）创建雪人的围巾。选择圆环，关闭自动栅格，然后修改参数，半径 1 输入 44，半径 2 输入 2.45，分段输入 24。使用移动工具将其移动到身体和头部相交的位置，如图 3-13 所示。

a)   b)

图 3-12   建立模型鼻子

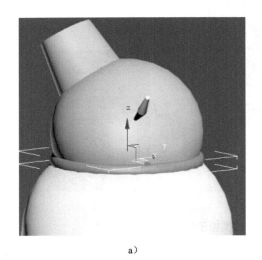

a)   b)

图 3-13   建立模型围巾部分

9）切换到前视图，下一步创建模型眼睛。使用基本几何体中的"球体"工具，半径输入 2。在对称的位置同样创建一个副本，如图 3-14 所示。

10）创建雪人身上的纽扣。继续使用球体工具，半径为 2.4，依次绘制三个纽扣，将纽扣之间调整一定距离。将视图调整到合适，如图 3-15 所示。

11）在帽子上创建一个圆环，第一半径输入 3.5，第二半径输入 1，移动到帽子上。整个雪人模型创建完毕。

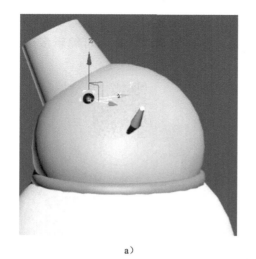

a）

b）

图 3-14　创建模型眼睛

a）

b）

图 3-15　建立纽扣部分

3.2.2　捕捉、移动复制工具应用实例——栅栏笔筒

本实例中结合笔筒的建模过程了解 3ds Max 的捕捉、移动复制工具。

1）在前视图创建一个长方体，长度输入 60，宽度输入 9，高度输入 5，如图 3-16 所示。

2）在几何体菜单中选择四棱锥，切换到顶视图，长度输入 9，宽度输入 5，高度输入 9.4，在这里用到了捕捉的工具，使用 2.5D 捕捉工具 将两个物体对齐，切换到前视图，对齐到上面，如图 3-17 所示。

3）右击，在菜单栏中找到"转换为"，选择"转换为可编辑多边形"，如图 3-18 所示。

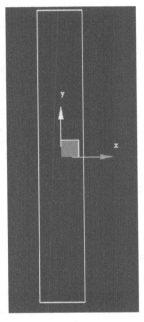

a）　　　　　　　　　　　　　b）

图 3-16　建立长方体

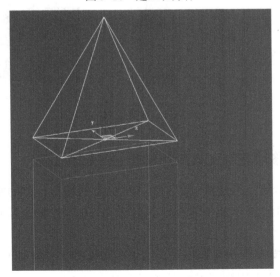

图 3-17　对齐物体

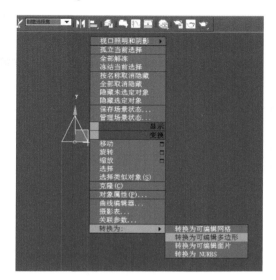

图 3-18　转换为可编辑多边形

4）在修改面板的编辑几何体中选择"附加"，单击长方体，和长方体附加到一起，如图 3-19 所示。

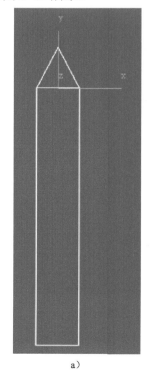

a)

b)

图 3-19　附加

5）按住 Shift 键沿 X 轴向右拖动一定距离，如图 3-20 所示，在对话框内将数量改为 3，再复制出另外 3 个竖直柱。

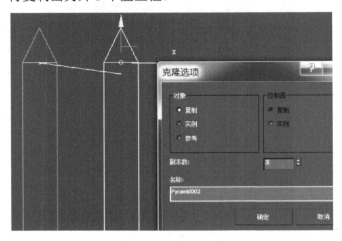

图 3-20　复制其他副本

6）按快捷键 S 开启捕捉功能，选择长方体，在两个竖直柱中间绘制横的长方体，并修改参数，如图 3-21 所示。

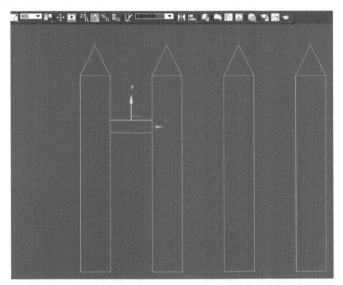

图 3-21　绘制中间长方体

7）沿 Y 轴复制出两个横梁，数量选择 2，如图 3-22 所示。

8）选中左边三个横梁，利用捕捉工具沿 X 轴同时复制，数量为 3，如图 3-23 所示。

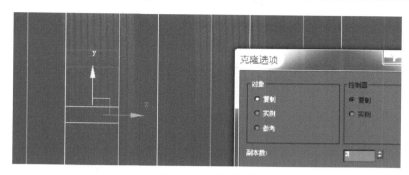

图 3-22　复制横梁

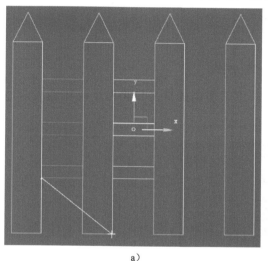

a）

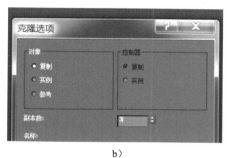

b）

图 3-23　复制出三个横梁

9）接下来切换到顶视图，全选所有物体，然后沿 Y 轴进行复制，数值栏输入数量为 3，如图 3-24 所示。

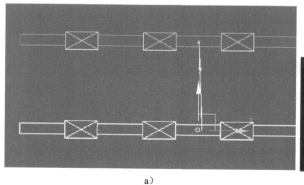

a）

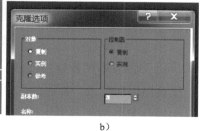

b）

图 3-24　沿 Y 轴复制

10）将中间的物体移动到两侧，右键单击角度捕捉开关，在角度栏输入角度为 90°，如图 3-25 所示。

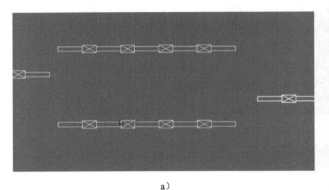

a）   b）

图 3-25　捕捉

11）在这里用到了旋转工具，旋转以后使用捕捉工具将四个物体围成四边形，如图 3-26 所示。

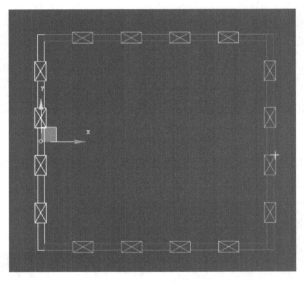

图 3-26　旋转捕捉后的四边形

12）接着使用选择过滤器，在修改面板中找到"附加"按钮，单击旁边的小框调出附加列表，如图 3-27 所示。

13）全选附加列表中的所有名称，然后在控制面板中单击"附加"，将所有图形附加，如图 3-27 所示。

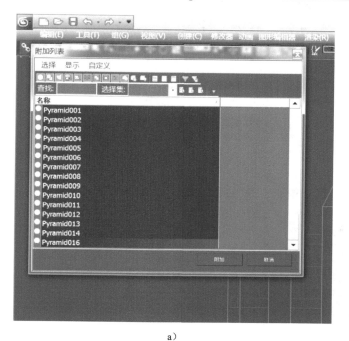

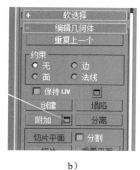

a)　　　　　　　　　　　　　　　　　b)

图 3-27　附加列表

14）右击缩放工具，选择第三个竖栏，沿 Y 轴进行缩放，如图 3-28 所示。

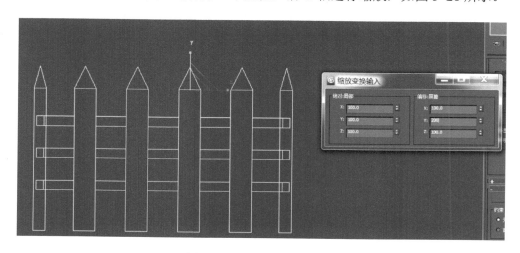

图 3-28　将第三个竖栏缩放

15）右击，转换为可编辑网格，如图 3-29 所示。

栅栏笔筒建模完毕，如图 3-30 所示。

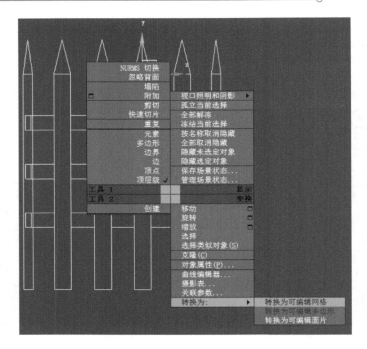

图 3-29　转换为可编辑网格

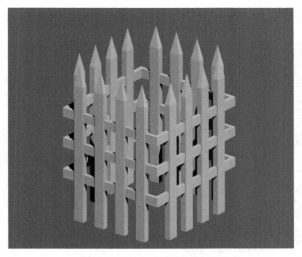

图 3-30　栅栏笔筒建模效果

3.2.3　对齐工具应用实例——指尖陀螺

1）选择顶视图，在几何体菜单中找到并创建一个管状体，数值栏里半径 1

中输入 13.5, 半径 2 中输入 11, 高度输入 7, 边数输入 34, 如图 3-31 所示。

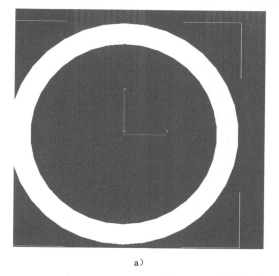 

a)
b)

图 3-31　建立管状体

2) 按住 Shift 键将管状体沿 X 轴拖动, 重叠一部分, 复制出两个管状体, 如图 3-32 所示。

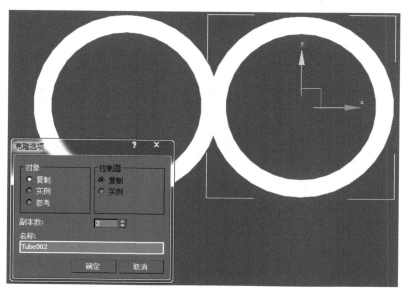

图 3-32　复制出两个管状体

3) 在图形样条线面板找到并创建一个星形, 半径 1 数值栏中输入 11.5, 半径 2 数值栏中输入 4, 点的数值栏中输入 5, 如图 3-33 所示。

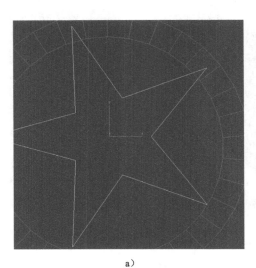

a)   b)

图 3-33   创建星形

4）单击工具栏中的旋转工具，使用旋转将星形旋转调整为正五角星，如图 3-34 所示。

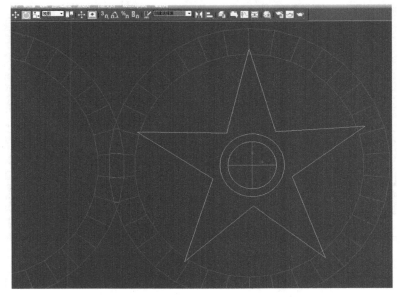

图 3-34   旋转

5）使用对齐工具，单击工具栏的对齐按钮，选择"轴点"对齐，对齐到圆环，如图 3-35 所示。

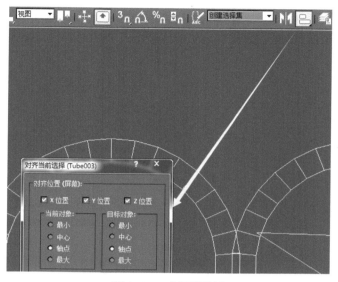

图 3-35　对齐到圆环

6）在修改器列表中找到挤出功能，将挤出厚度改为 7，如图 3-36 所示。

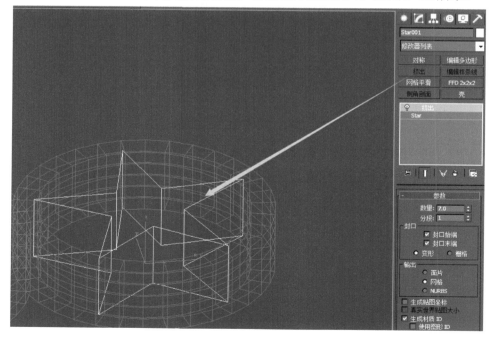

图 3-36　挤出

7）切换到顶视图，沿 X 轴复制出另外一个五角星，继续使用对齐命令，使其对齐到左边的圆环，如图 3-37 所示。

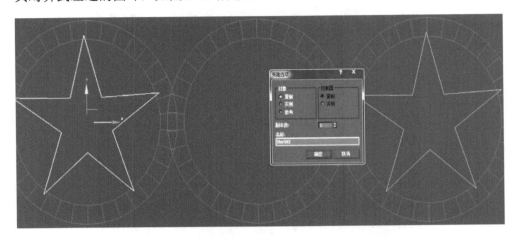

a）

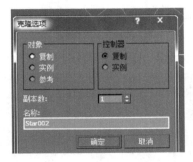

b）

图 3-37　复制另一个五角星

8）指尖陀螺建模完成，效果如图 3-38 所示。

图 3-38　建模完成效果

3.2.4　角度捕捉与影响轴应用实例——钟表

1）在几何体菜单中选择并创建管状体，半径 1 输入 65，半径 2 输入 75，高度输入 12，边数输入 27，如图 3-39 所示。

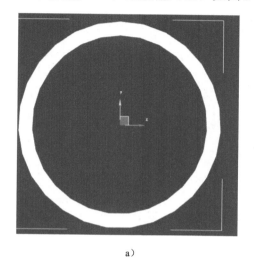

a） b）

图 3-39　创建管状体

2）绘制一个圆柱，半径输入数值 65，高度输入数值 5，边数输入 27，如图 3-40 所示。

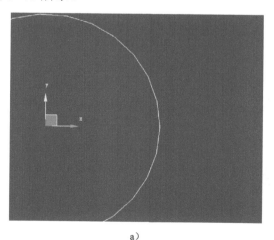

a） b）

图 3-40　绘制圆柱

3）在工具菜单中找到对齐工具，将圆柱体对齐到管状体，单击"确定"，如图 3-41 所示。

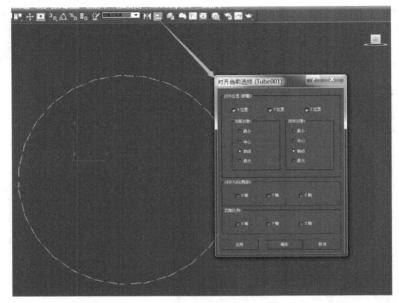

图 3-41　对齐操作

4）在几何体下拉菜单中选择扩展基本体，创建一个切角圆柱体，半径输入 3，高度输入 9，圆角输入 0.4，如图 3-42 所示。注意圆角分段是将圆角的角度变得更圆滑。

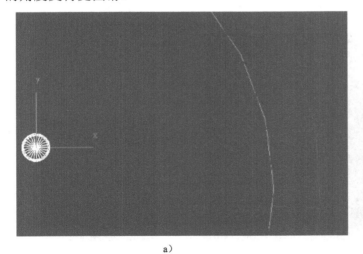

a)

b)

图 3-42　创建切角圆柱体

5）继续使用对齐命令，将其对齐到中间的表盘，单击"确定"，如图 3-43 所示。

6）回到标准基本体再创建一个四棱锥，宽度输入 2.8，深度输入 6，高度输入 2.8，如图 3-44 所示。

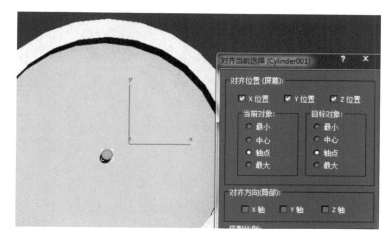

图 3-43　对齐操作

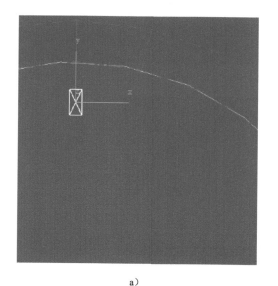

a)　　　　　　　　　　　　　　　　　　　b)

图 3-44　创建四棱锥

7）沿 Y 轴将四棱锥移动到接近外表盘的位置，这里使用影响轴，在层次面板中选择仅影响轴，将四棱锥的轴对齐到中间的圆柱，单击"确定"，如图 3-45 所示。

8）使用角度捕捉工具，在菜单栏开启角度捕捉，右击将角度设置为 30°，如图 3-46 所示。

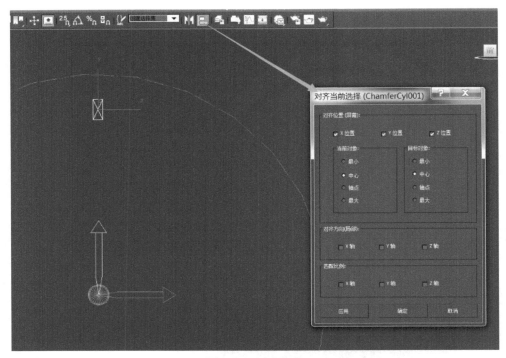

图 3-45　对齐操作

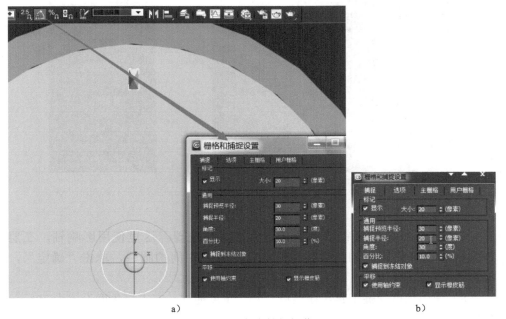

a)　　　　　　　　　　　　　　　　　　　　b)

图 3-46　角度捕捉操作

9）单击旋转按钮，接着按住 Shift 键进行旋转复制，数量改为 11，复制完成后数量为 12，如图 3-47 所示。

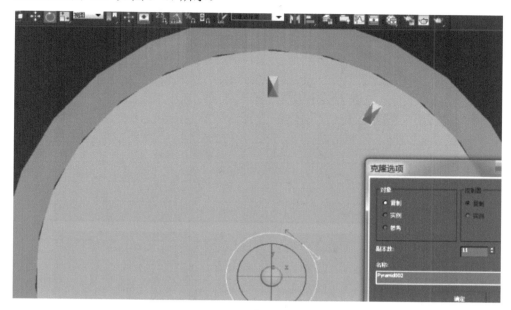

a）

b）

图 3-47　复制操作

10）将表盘上的时间点全部选中，然后切换到前视图，将这些选中的时间点移动到表盘的上方，如图 3-48 所示。

11）在中心绘制一个圆环，将切角圆柱体套住，半径 1 输入数值 4.6，半径 2 输入数值 1.2，对齐到中间的圆柱，如图 3-49 所示。

12）接着在前视图用四棱锥创建指针，宽度数值输入 2.4，深度输入 2.4，高度输入 36，如图 3-50 所示。

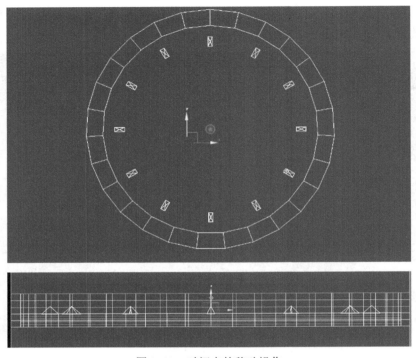

图 3-48　时间点的移动操作

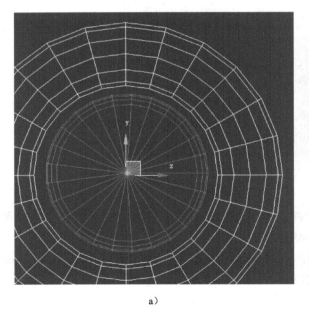

a)

b)

图 3-49　绘制圆环

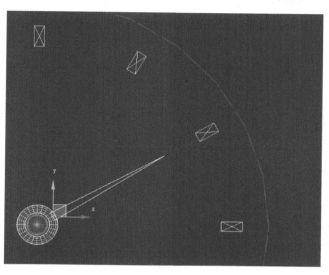

参数	
宽度:	2.4mm
深度:	2.4mm
高度:	36.0mm
宽度分段:	1
深度分段:	1
高度分段:	1

a）　　　　　　　　　　　　　b）

图 3-50　创建指针

13）同样对齐到中间的圆柱，然后沿 Y 轴向下移动，如图 3-51 所示。

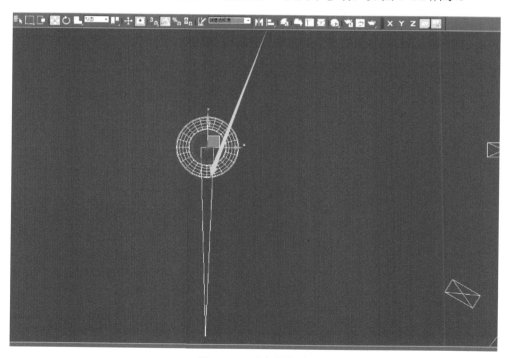

图 3-51　对齐并移动

14）选择"仅影响轴"，将它的轴对齐到中间的圆柱，如图 3-52 所示。

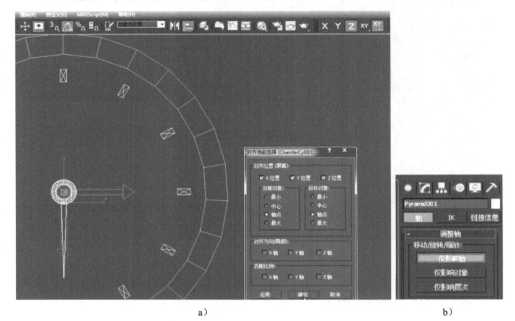

a）　　　　　　　　　　　　　　　　b）

图 3-52　对齐到中间圆柱

15）使用旋转功能并打开克隆选项，选择复制功能进行复制，如图 3-53 所示。

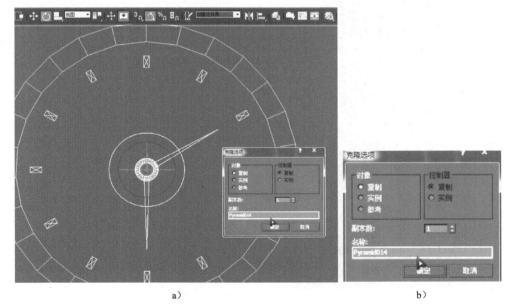

a）　　　　　　　　　　　　　　　　b）

图 3-53　复制

16）在数值栏输入合适数值，调整高度，如图 3-54 所示。

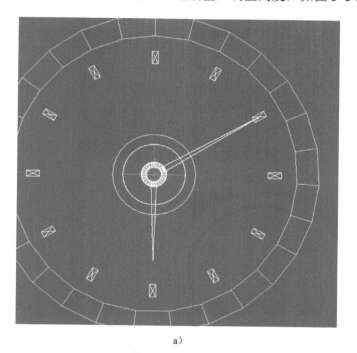

a)　　　　　　　　　　　　　　　　　b)

图 3-54　调整高度

17）将指针和圆环选中，沿 Y 轴复制出另一个，如图 3-55 所示。

18）分别删除一个时针和一个分针，如图 3-56 所示。

钟表建模完成，注意在打印时，将时针、分针和主体分开打印，分别安装，如图 3-57 所示。

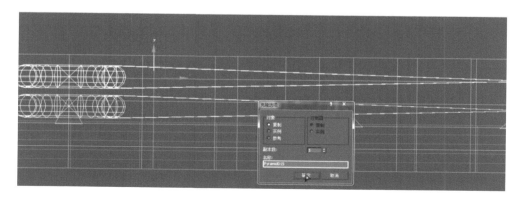

图 3-55　复制

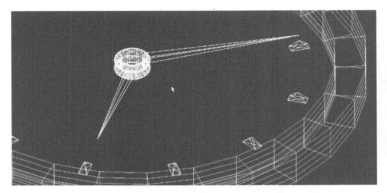

图 3-56　删除后效果

图 3-57　建模完成后效果

3.2.5　镜像工具应用实例——落地灯

1）选择顶视图，在几何体下拉菜单中选择扩展基本体，然后选择切角长方体，长度输入 60，宽度输入 60，高度输入 5，圆角输入 1.6，如图 3-58 所示。

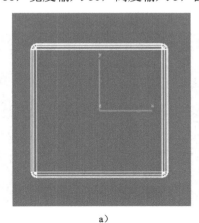

a)　　　　　　　　　　　　　　　　b)

图 3-58　建立切角长方体

2）在工具栏中选择镜像工具，切换到前视图打开镜像窗口，沿 Y 轴进行镜像，选择复制，然后确定，如图 3-59 所示。

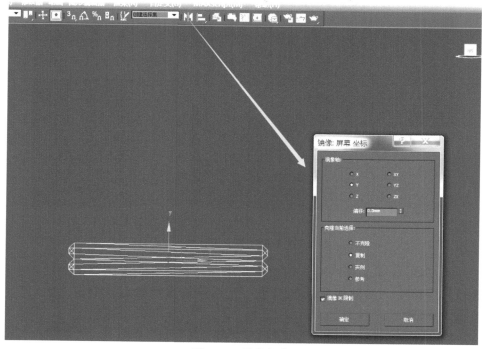

图 3-59　镜像操作

3）选择上面的切角长方体，修改其参数，长度输入 40，宽度输入 40，其他数值保持不变，如图 3-60 所示。

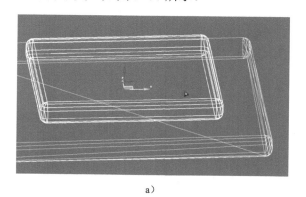
a)

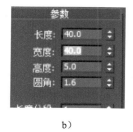
b)

图 3-60　修改参数

4）在几何体菜单中选择标准基本体，在前视图中创建管状体，半径 1 输入 17，半径 2 输入 15.2，高度输入 4.8，如图 3-61 所示。

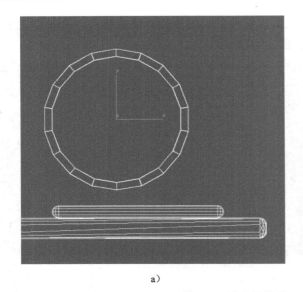

a)　　　　　　　　　　　　　　　　b)

图 3-61　建立管状体

5）利用对齐工具，沿 Z 轴对齐到小切角长方体，在弹出的"对齐当前选择"窗口中，当前对象选择最小，目标位置选择最大，单击"确定"，如图 3-62 所示。

6）回到前视图，在圆环中绘制一个球体，作为台灯的灯泡，半径输入 6.6，如图 3-63 所示。

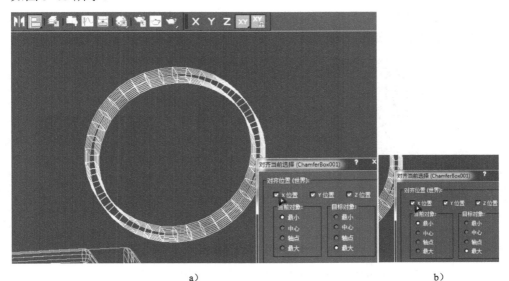

a)　　　　　　　　　　　　　　　　b)

图 3-62　对齐操作

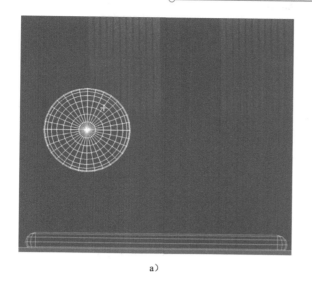

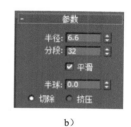

a)　　　　　　　　　　　　　　　　b)

图 3-63　绘制球体

7）使用对齐工具将球对齐圆环，选择中心对齐，然后确定，如图 3-64 所示。

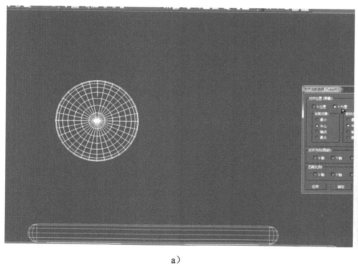

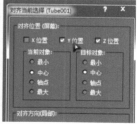

a)　　　　　　　　　　　　　　　　b)

图 3-64　对齐操作

8）切换到顶视图，继续使用对齐，对齐到圆环，如图 3-65 所示。

9）右击，转换为可编辑多边形，然后将球和圆环附加到一起，如图 3-66 所示。

10）将附加后的对象进行镜像，单击工具栏上的"镜像"，沿 XY 轴镜像，如图 3-67 所示。

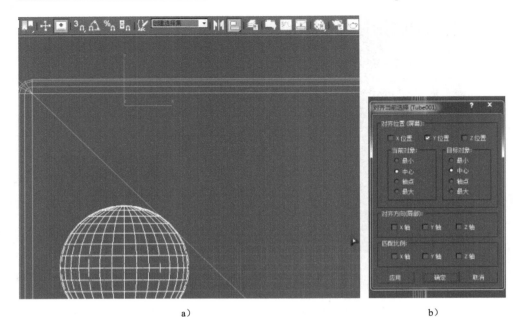

a)   b)

图 3-65   对齐操作

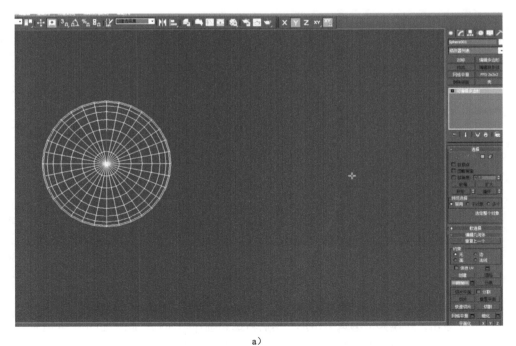

a)

图 3-66   附加

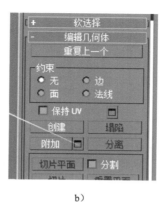

b)

图 3-66　附加（续）

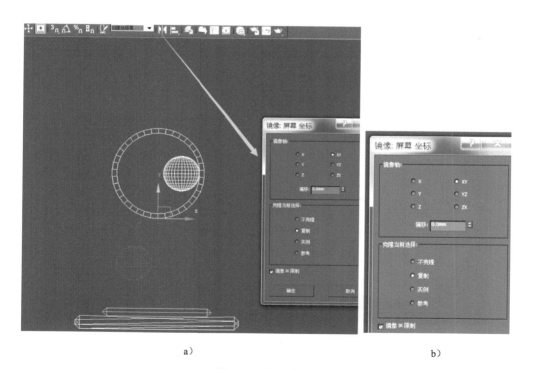

a)　　　　　　　　　　　　　　　　　　　　b)

图 3-67　镜像操作

11）继续镜像出五个交错的环，个性化的落地灯建模完成。在 3D 打印之后，可以将 LED 灯带和电源组合在落地灯上面，形成独一无二的灯具。效果如图 3-68 所示。

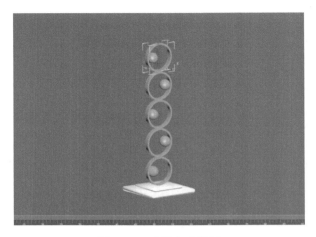

图 3-68　建模完成效果

3.2.6　阵列工具应用实例——梳子

1）在几何体下拉菜单的扩展基本体中选择并创建一个切角圆柱体，半径输入 80，高度输入 18，圆角输入 5.5，圆角分段输入 6，边数输入 28，如图 3-69 所示。

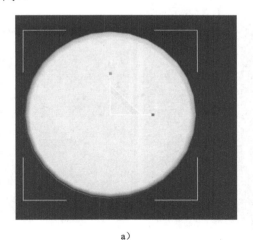

a）

b）

图 3-69　创建圆柱体

2）在工具栏选择缩放工具，沿 X 轴进行缩放，缩放成椭圆形，如图 3-70 所示。

3）沿 Y 轴按住 Shift 键向下拖动，复制出另一个椭圆，作为梳子的把手，如图 3-71 所示。

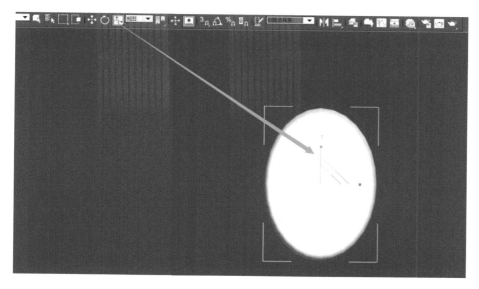

图 3-70　缩放操作

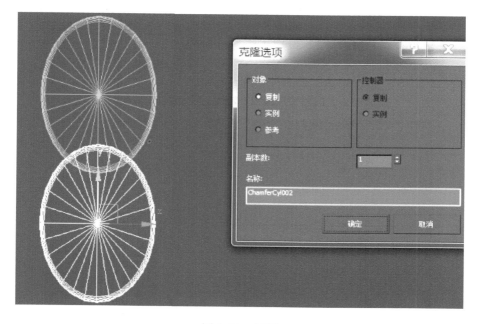

图 3-71　复制

4）再使用缩放工具，沿 X 轴进行缩放，然后右击转换为可编辑多边形，将把手跟梳柄附加起来，如图 3-72 所示。

5）在几何体下拉菜单选择标准基本体，绘制一个圆柱体，半径输入 2.6，高度输入 60，然后切换到前视图选择对齐工具，在窗口选项中依次选择对齐位置为"Y 位置"，当前对象为"最小"，目标对象为"最大"，对齐到梳柄，如图 3-73 所示。

a）

b）

图 3-72　缩放、转换及附加操作

a）

b）

图 3-73　对齐操作

6）再绘制一个球体，半径输入 4.2，沿 Y 轴对齐到圆柱体顶部，当前对象选"最小"，目标对象选"最大"。然后将球和圆柱进行附加，如图 3-74 所示。

7）切换到顶视图选择圆柱和球，这里我们使用阵列工具。在"工具"菜单里找到阵列工具，如图 3-75 所示。

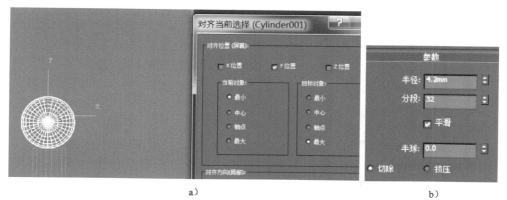

图 3-74　绘制球体及对齐

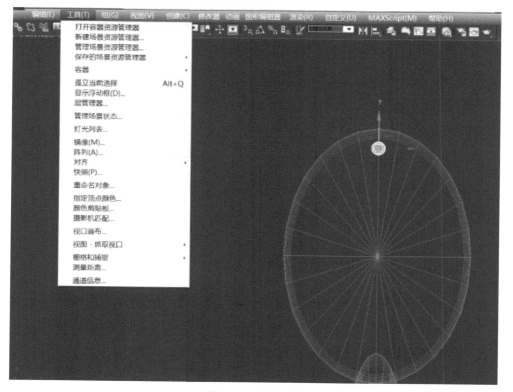

图 3-75　阵列工具

8）单击"阵列"按钮之后，在弹出的对话框中，将 Y 轴数值改为 −15，1D 的数量输入 10，对象类型选择"复制"，在 2D 数值框里输入 5，X 轴 −15，然后单击"预览"观察效果，我们先阵列出一半，单击"确定"，如图 3-76 所示。

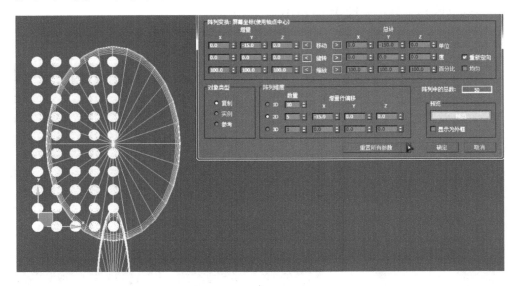

a）

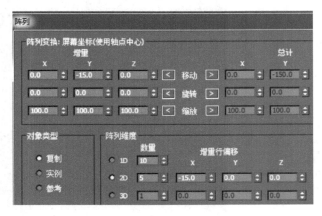

b）

图 3-76　阵列窗口设置

9）将中间的一排选中，再次进行阵列，这时 Y 轴数值改为 0，X 轴输入 15，1D 数量改为 5，单击"确定"，如图 3-77 所示。

10）把椭圆形外部多余的梳子齿删除，梳子模型建模完成，如图 3-78 所示。

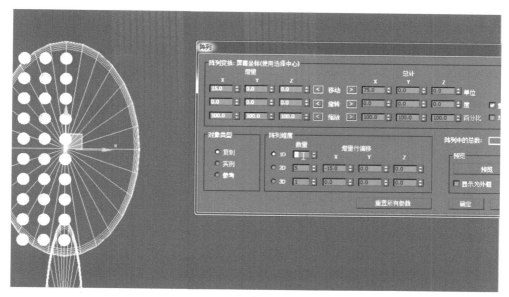

a）

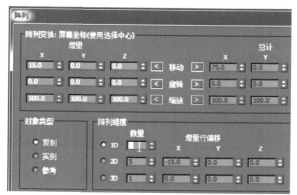

b）

图 3-77　参数设置

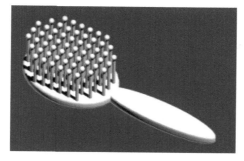

图 3-78　建模后效果

3.2.7　轴约束应用实例——储蓄柜

1）在前视图创建一个长方体，长度输入 160，宽度输入 76，高度输入 8，如图 3-79 所示。

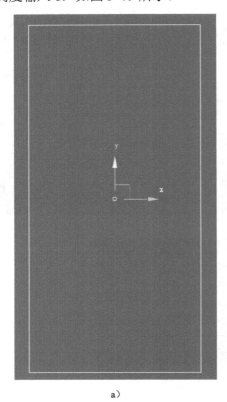

　　　　　　　a）　　　　　　　　　　　　　　　　　　b）

图 3-79　建立长方体

2）切换到左视图，按住 Shift 键拖动复制出另一个副本，作为储蓄柜的两个侧板，如图 3-80 所示。

3）切换到顶视图，创建一个长方体作为储蓄柜的顶板，长度输入 119，宽度输入 82，高度输入 6，然后单击"捕捉"，这里使用到轴约束，切换到 X 轴按住空格键进行锁定，将其移动对齐到选择的点，如图 3-81 所示。

4）切换到左视图，开启轴约束绘制一个长方体做背板，长度输入 160，宽度输入 95，高度输入 5，如图 3-82 所示。

5）切换到顶视图，进行移动对齐调整，如图 3-83 所示。

6）在顶视图绘制层板，长度输入 96，宽度输入 71，高度输入 4，如图 3-84 所示。

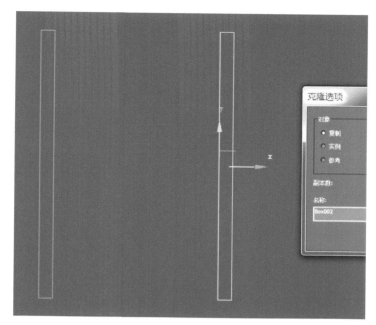

图 3-80 复制操作

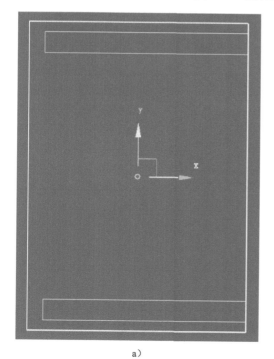

a)

b)

图 3-81 轴约束

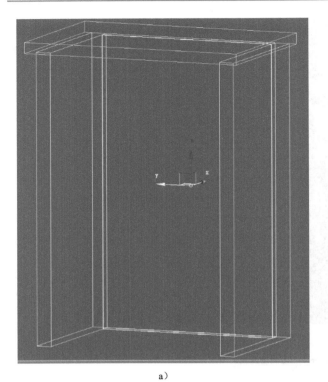

参数

长度:	160.0mm
宽度:	95.139mm
高度:	5.0mm
长度分段:	1
宽度分段:	1
高度分段:	1

☑ 生成贴图坐标

☐ 真实世界贴图大小

a）   b）

图 3-82   制作背板

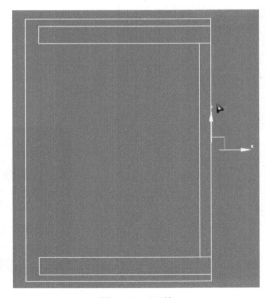

图 3-83   调整

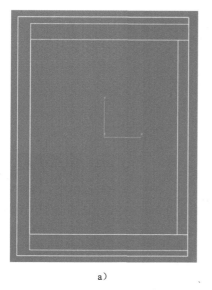

a)　　　　　　　　　　　　　　　b)

图 3-84　制作层板

7）切换到左视图，开启捕捉，选择 Y 轴，按住 Shift 键进行复制，副本数量为 4，如图 3-85 所示。

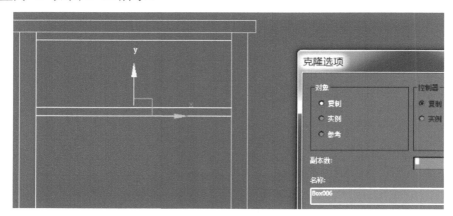

图 3-85　复制操作

8）切换到顶视图，绘制里面的抽屉部分。首先利用长方体绘制抽屉底面，长度输入 84，宽度输入 68，高度输入 2.8，如图 3-86 所示。

9）使用对齐命令对齐到中心，如图 3-87 所示。

10）使用捕捉和轴约束，捕捉到前沿的点，如图 3-88 所示。

11）切换到左视图，再绘制抽屉面，长度输入 36，宽度输入 102.8，高度输入 3，如图 3-89 所示。

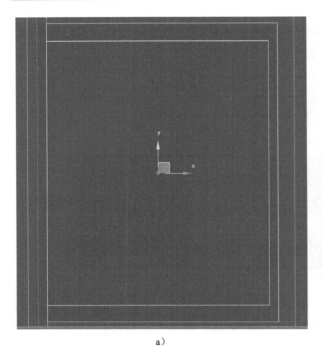

a）   b）

图 3-86　制作抽屉底面

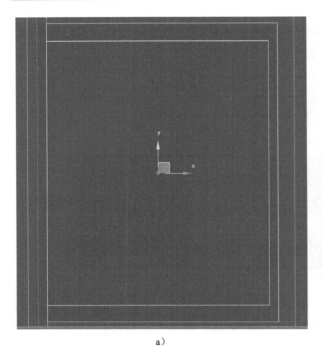

图 3-87　对齐操作

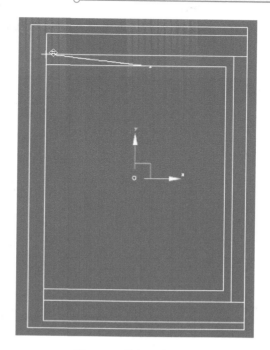

图 3-88 捕捉和轴约束

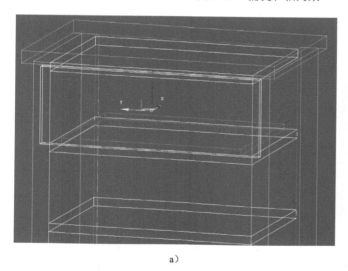

a)

b)

图 3-89 制作抽屉面

12）对齐到抽屉的底面，如图 3-90 所示。

13）沿 Y 轴向上移动一定距离，注意上面留出一些缝隙，切换到前视图，将其移动捕捉到最外面的点，如图 3-91 所示。

14）绘制抽屉的侧板，长度输入 30，宽度输入 68，高度输入 2.8，如图 3-92 所示。

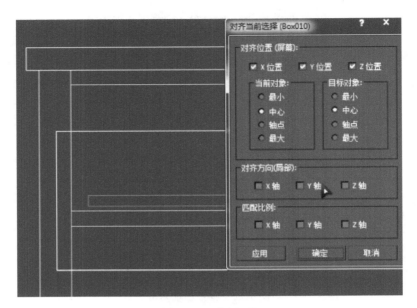

图 3-90　对齐操作

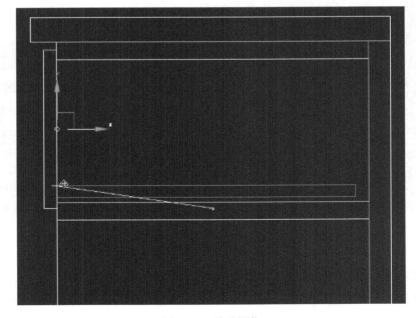

图 3-91　移动操作

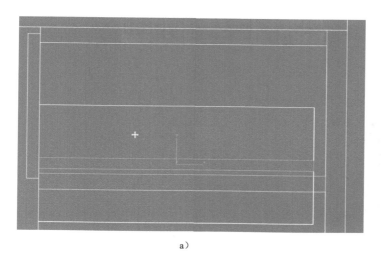

a）　　　　　　　　　　　　　　　b）

图 3-92　制作抽屉侧板

15）使用移动捕捉到抽屉底面的点，在顶视图继续捕捉移动到侧板位置，如图 3-93 所示。

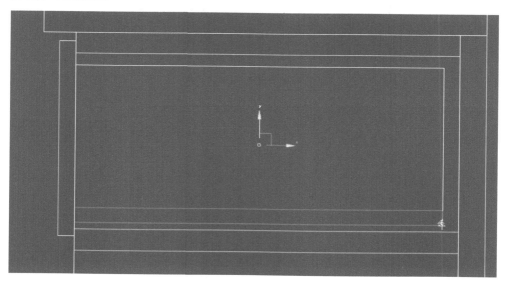

图 3-93　移动捕捉

16）复制出新的副本，然后移动到对称的位置，如图 3-94 所示。

17）将抽屉的背板绘制出来，直接使用捕捉对角线绘制，长度输入 27.2，宽度输入 88，高度为 -2.8，如图 3-95 所示。

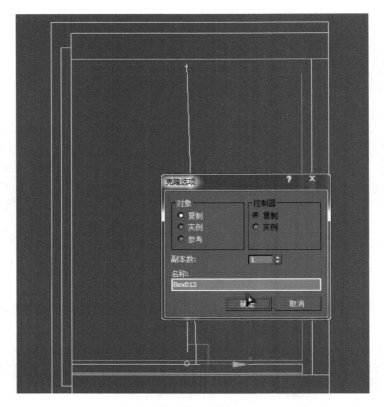

图 3-94　复制

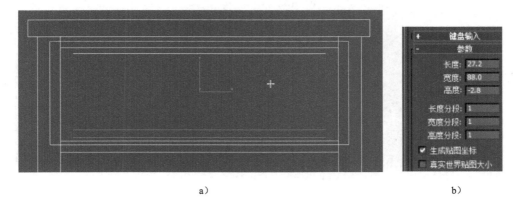

a)　　　　　　　　　　　　　　　　　　b)

图 3-95　制作抽屉背板

18）沿 X 轴移动捕捉到后面的点进行对齐，如图 3-96 所示。

19）选择抽屉一个板，右击转换为可编辑多边形，将抽屉的所有板附加起来，如图 3-97 所示。

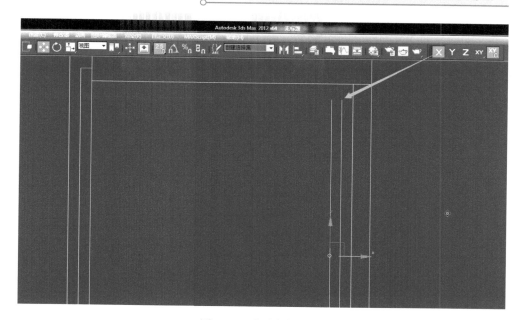

图 3-96　移动捕捉对齐

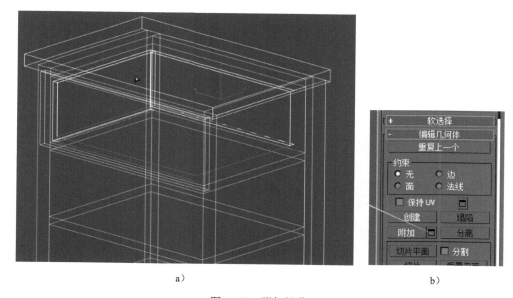

图 3-97　附加操作

20）右击，选择隐藏选定对象，留下抽屉来绘制它的把手，如图 3-98 所示。

21）制作抽屉的把手，选择并绘制一个圆环，半径 1 输入 6.2，半径 2 输入 1.2，如图 3-99 所示。

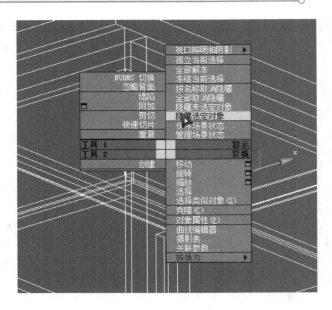

图 3-98　隐藏操作

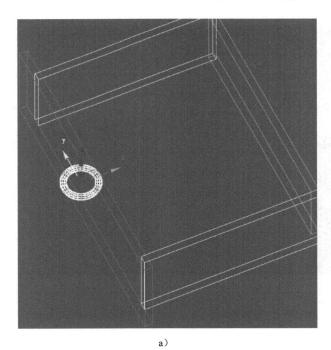

a)

b)

图 3-99　建立圆环

22）在参数面板单击"启用切片"功能，然后进行缩放，如图 3-100 所示。

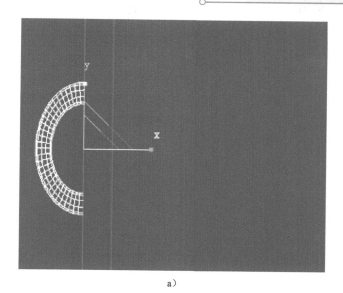
a)

b)

图 3-100　启用切片功能

23）右击，选择"全部取消隐藏"，如图 3-101 所示。

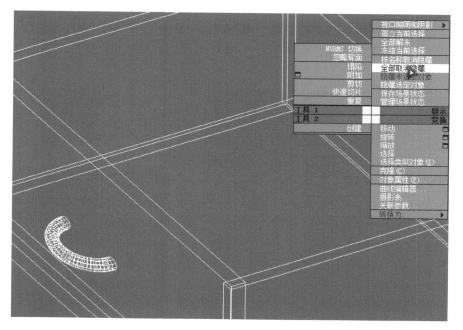

图 3-101　取消隐藏

24）沿 Y 轴复制抽屉，副本数量为 3，如图 3-102 所示。

25）按 F3 进行实体显示，储蓄柜建模完成，效果如图 3-103 所示。

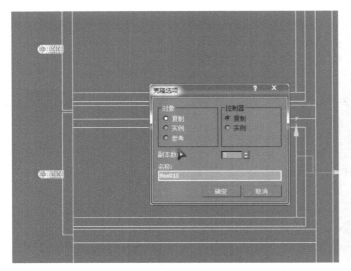

图 3-102　复制　　　　　　　　　　　　图 3-103　建模完成效果

3.2.8　二维样条线配合倒角剖面修改器应用实例——花盆

1）在创建面板下的图形菜单选择并创建一个星形，半径 1 输入 61.7，半径 2 输入 45.7，点数输入 6，圆角半径 1 输入 7，圆角半径 2 输入 11，如图 3-104 所示。

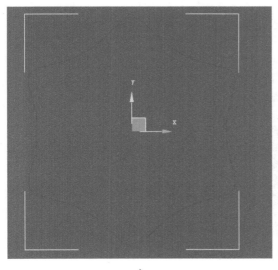

a)　　　　　　　　　　　　　　　　　b)

图 3-104　创建星形

2）在图形菜单中选择线，这里我们使用二维样条线勾勒出花盆的剖面，窗口提示是否闭合样条线，单击"是"，如图 3-105 所示。

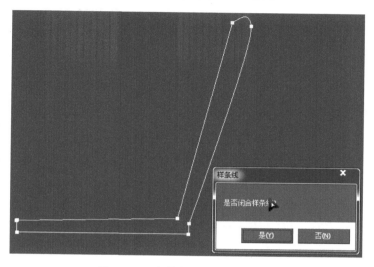

图 3-105　勾勒剖面并闭合样条线

3）在控制面板中的下拉菜单中选择顶点，如图 3-106 所示。

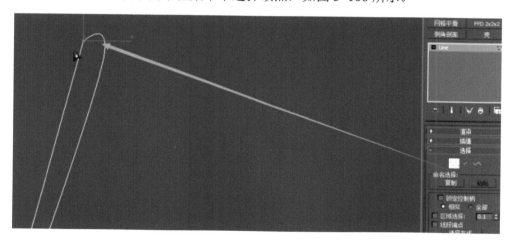

图 3-106　选择顶点

4）转换为 Bezier 角点，对两边的线进行调节，调节每个点到理想的效果，如图 3-107、图 3-108 所示。

5）使用倒角剖面修改器，打开修改器列表找到"倒角剖面"命令，选择"星形"，然后单击"拾取剖面"按钮，拾取刚才绘制的剖面，如图 3-109 所示。

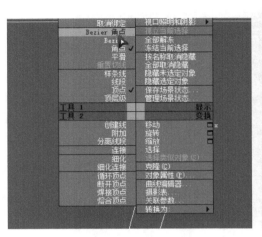

图 3-107　Bezier 角点

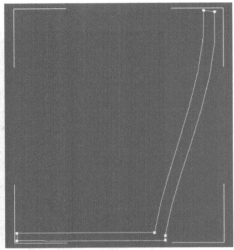

图 3-108　调整点

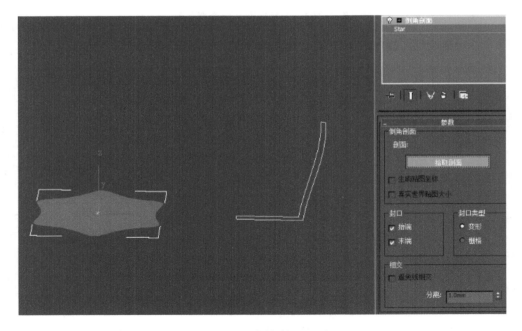

图 3-109　倒角剖面界面

6）调整剖面直到实体达到满意的效果，个性化花盆建模完成，如图 3-110 所示。

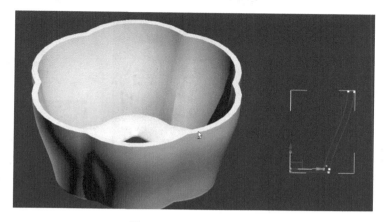

图 3-110 建模完成效果

3.2.9 运用字体、布尔运算、倒角修改器应用实例——扇形商标

1）在创建面板下面单击图形菜单，选择弧线，创建一个弧，勾选"饼形切片"，半径输入 80，如图 3-111 所示。

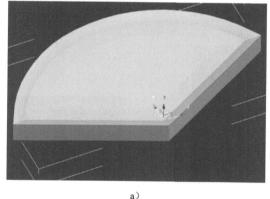

a）   b）

图 3-111 创建弧形

2）使用倒角修改器，在修改面板下面找到修改器列表，选择"倒角"，级别 1 高度输入 3，轮廓输入 6.4，然后分别打开级别 2 和级别 3，级别 2 高度输入 -14，轮廓不变，级别 3 高度输入 -1.5，轮廓输入 -5.4，如图 3-112 所示。

3）在图形当中选择"文本"，然后在文本框中打字，大小输入 21，字体选择微软雅黑，单击左键创建文本，如图 3-113 所示。

4）再次在修改器列表选择"倒角"，级别 1 高度输入 0.5，轮廓输入 0.6，级别 2 高度输入 3.5，轮廓输入 0.8，级别 3 高度输入 -1，轮廓输入 -1.4，如图 3-114 所示。

图 3-112　倒角修改器参数设置　　　　图 3-113　创建文本　图 3-114　倒角修改器参数设置

5）对创建出的文字进行镜像，沿 Z 轴镜像。然后，按住 Shift 键对第一个文字进行复制，复制后的文字利用文本框修改，如图 3-115 所示。

6）依次制作出"木每三维打印"几个字，如果有的文字有重叠面产生，可以对文字单独进行调整，在级别 1 中减小其轮廓，如图 3-116 所示。

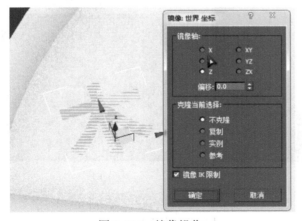

图 3-115　镜像操作　　　　　　　　　　图 3-116　减小轮廓

7）右击将扇形转换为可编辑多边形，选择"附加"，将所有字附加，然后移动到扇形里面，如图 3-117 所示。

8）使用布尔运算，在几何体下拉菜单中找到复合对象，在复合对象里选择"布尔"，接着单击"拾取操作对象 B"，如图 3-118 所示。

9）如果用作钥匙链，可以建立一个圆柱体，再次利用复合对象的布尔运算，在扇形下部形成孔洞。利用这种思路建模，可以打印出个性化商标或者制作个性化的钥匙链，完成效果如图 3-119 所示。

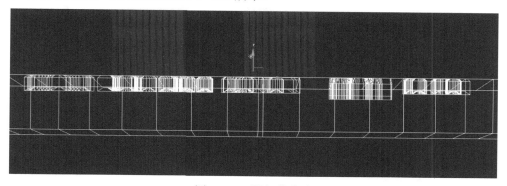

图 3-117　附加并移动

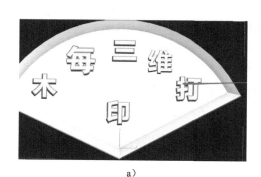

a)

b)

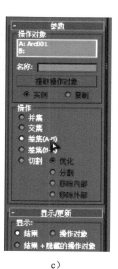

c)

图 3-118　布尔运算

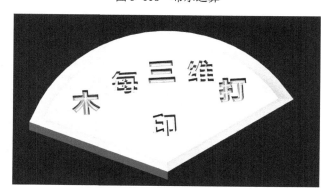

图 3-119　建模完成后效果

3.2.10 车削修改器应用实例——国际象棋印章

1）找到想参考的国际象棋图片，在前视图按快捷键 Alt+B 打开背景，然后在背景源当中单击"文件"，选择参考图，单击"打开"后确定，如图 3-120 所示。

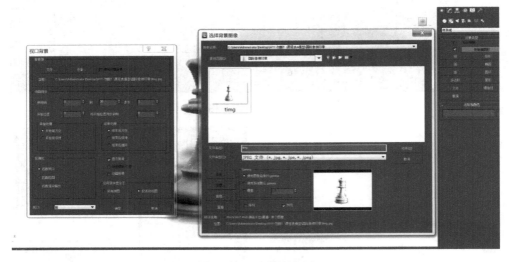

图 3-120　选择参考图

2）参考图出现在前视图，然后在创建面板的图形菜单选择"线"，勾勒出象棋的一半形状，如图 3-121 所示。

a)　　　　　　　　　　　　b)

图 3-121　勾勒形状

3）在出现的样条线窗口单击"是"，闭合样条线，如图 3-122 所示。

图 3-122　闭合样条线

4）切换一个视图，然后选择 1 进入点层级，选择所有点，右击进行平滑，如图 3-123 所示。

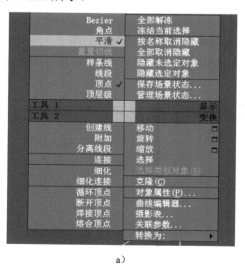

a）

b）

图 3-123　平滑操作

5）在层次面板里选择"仅影响轴"，然后开启捕捉，把轴移到中间直线的位置，然后关闭捕捉，沿 Y 轴向上拖动，如图 3-124 所示。

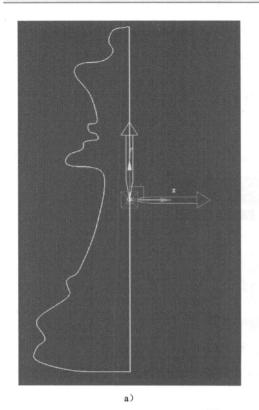

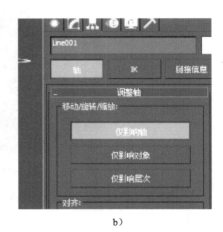

a)   b)

图 3-124   拖动

6）使用车削修改器，在修改器列表里找到车削修改器，如图 3-125 所示。

7）单击"车削"之后，勾选"焊接内核"，增加分段，效果如图 3-126 所示。

图 3-125   车削修改器   图 3-126   勾选"焊接内核"，增加分段效果

8）切换到底视图，然后在图形里选择文本，文本框里输入要编辑的文字，字体大小输入 22，如图 3-127 所示。

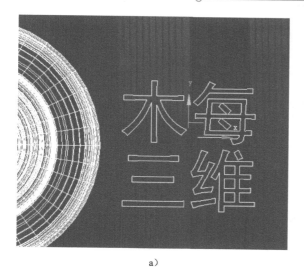

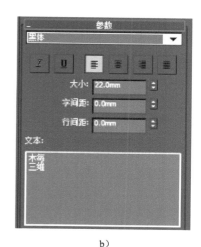

a）　　　　　　　　　　　　　　　　　　b）

图 3-127　文本窗口

9）将文字挤出 2mm 的厚度，移动到棋子的下面，如图 3-128 所示。

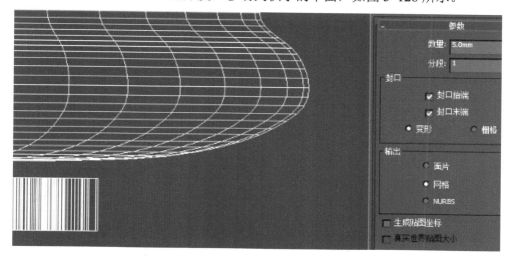

图 3-128　挤出并移动字体位置

10）再创建一个圆环放在字体的外围，半径 1 输入 32，半径 2 输入 1.6，使用对齐工具将圆环和文字对齐，如图 3-129 所示。

11）绘制一个长方体，输入预计 3D 打印的尺寸；选择已经制作完成的象棋印章，对齐到长方体里，进行缩放，缩放到长方体的尺寸，如图 3-130 所示。

国际象棋形状的印章模型建模完毕，如图 3-131 所示。

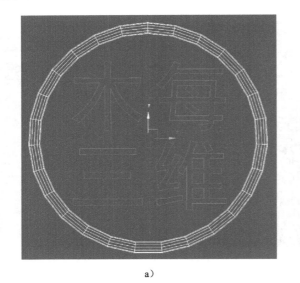

a)   b)

图 3-129　创建圆环

a)   b)

图 3-130　绘制长方体并缩放模型尺寸

图 3-131　建模完成后效果

3.2.11　样条线编辑修改应用实例——齿轮

1）在图形菜单选择并创建一个圆环，半径 1 输入 70，半径 2 输入 45，如图 3-132 所示。

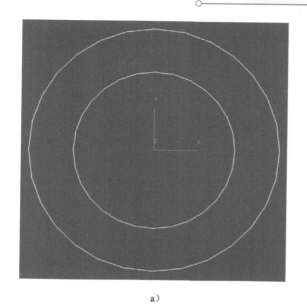

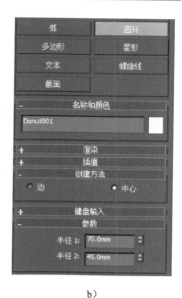

a）　　　　　　　　　　　　　　　　　　b）

图 3-132　创建圆环

2）选择矩形，创建参数如图 3-133 所示的矩形，然后用对齐命令沿 X 轴对齐到圆环，再沿 Y 轴将其移动到外圆与矩形相切三分之一的位置。

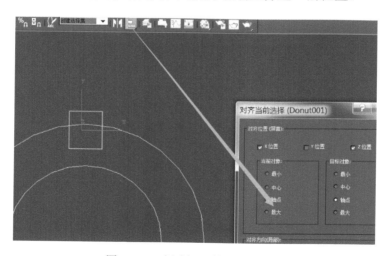

图 3-133　创建矩形并对齐，移动

3）右击，在菜单里将矩形转换为可编辑样条线，如图 3-134 所示。

4）按 1 进入点层级，选择所有点，右击，在弹出的菜单中选择"角点"，如图 3-135 所示。

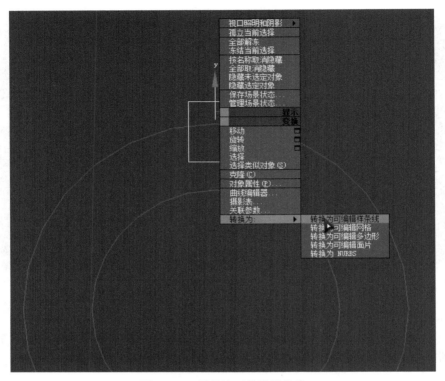

图 3-134　转换为可编辑样条线

图 3-135　选择角点

5）分别选择上面的两个点，右键单击移动工具，出现对话框后，左边沿 X 轴移动 5，右边沿 X 轴移动 –5，关闭对话框，如图 3-136 所示。

6）在右边面板选择"仅影响轴"，将矩形框的轴对齐到圆环的中心，如图 3-137 所示。

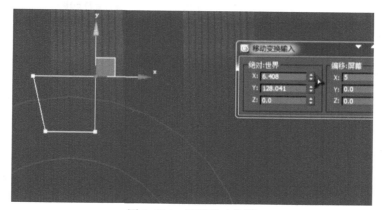

图 3-136　设置移动位置

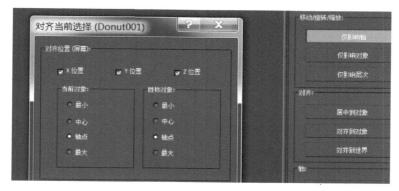

图 3-137　对齐

7）右击，单击"角度捕捉"，在角度捕捉里把角度改为 30°，如图 3-138 所示。

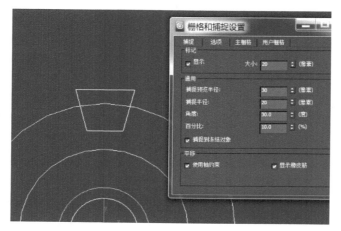

图 3-138　捕捉设置

8）单击旋转，按住 Shift 键进行旋转、复制，副本数量改为 11，然后确定，如图 3-139 所示。

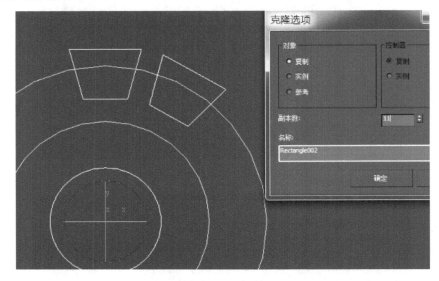

图 3-139　复制

9）使用样条线的编辑和修改，在修改面板选择"附加"，依次单击所有图形附加到一起，如图 3-140 所示。

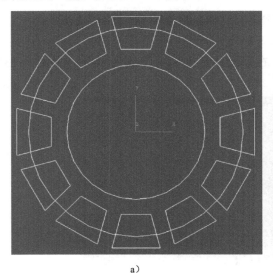
a）

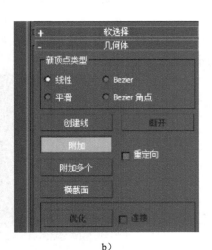
b）

图 3-140　附加所有图形

10）进入点层级，选择所有顶点，进行焊接，参数为 0.2，如图 3-141 所示。

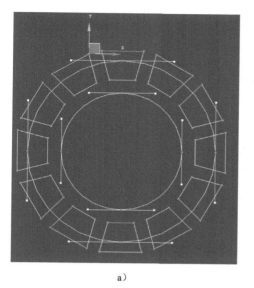

a)

b)

图 3-141　焊接

11）进入样条线层级，在修改面板找到"修剪"按钮，修剪如图 3-142 所示的线。

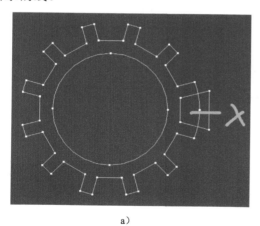

a)

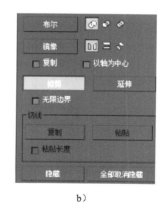

b)

图 3-142　修剪

12）使用挤出进行检查，发现齿轮没有完全挤出，如图 3-143 所示。

13）回到点层级进行检查，确认所有点焊接成功，如图 3-144 所示。

14）在修改器列表选择"倒角"，级别 1 高度输入 1，轮廓输入 1.5，分别打开级别 2 和级别 3，级别 2 高度输入 9，级别 3 高度输入 1，轮廓输入 −1.7，如图 3-145 所示。

15）齿轮建模完成，如图 3-146 所示。

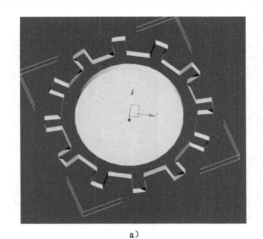

a)

b)

图 3-143　挤出不完全

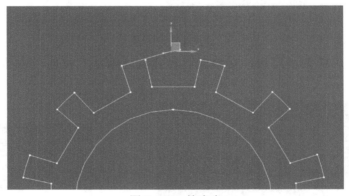

图 3-144　检查点

a)

b)

图 3-145　输入参数

图 3-146　建模完成效果

3.3　3ds Max 建模综合应用实例

3.3.1　生活类用具建模——个性化手机线夹

　　生活中利用建模软件可以轻松制作并打印出一些有用且小巧的用具，本节中演示制作食人鱼外形的个性化手机线夹。

　　1）在图形面板使用"矩形"绘制一个长 27mm、宽 42mm 的长方形，作为外框，如图 3-147 所示。

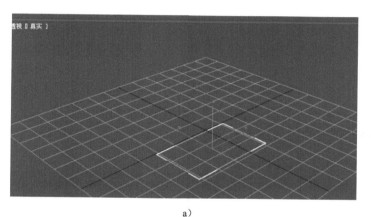

a)　　　　　　　　　　　　　　　　　b)

图 3-147　绘制长方形

　　2）用线勾勒出食人鱼的外形，勾选"开始新图形"选项，绘制鱼的眼睛，如图 3-148 所示。

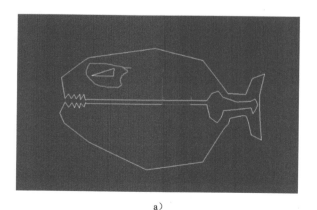

a)　　　　　　　　　　　　　　　　　b)

图 3-148　勾勒模型外形

3）按 1 进入点层级，对所有点进行细微的调整，如图 3-149 所示。

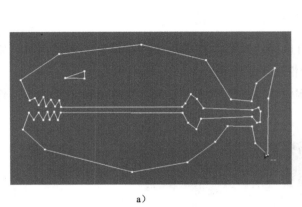

a)

b)

图 3-149　点调整

4）选中除了牙齿以外的点，右击菜单进行平滑，如图 3-150 所示。

5）对个别地方进行调整，将个别点转换为 Bezier 角点，调节控制杆，如图 3-151 所示。

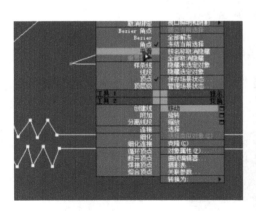

图 3-150　右击菜单平滑

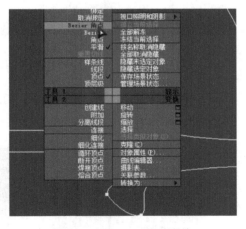

图 3-151　Bezier 角点调整

6）对模型牙齿位置进行细化，如图 3-152 所示。

7）对模型尾部的形状进行调整，如图 3-153 所示。

8）检查每个点，把模型每个点细化，调整到合适的角度，如图 3-154 所示。

9）调整结束后，将模型缩放到外框的大小，绘制完成食人鱼的轮廓，如图 3-155 所示。

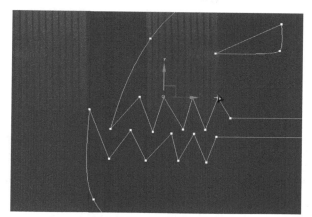

图 3-152　牙齿部分细化

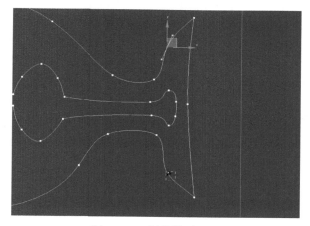

图 3-153　调整模型尾部

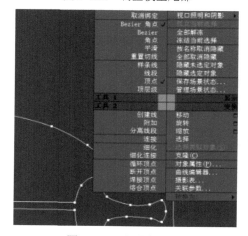

图 3-154　细化每个点

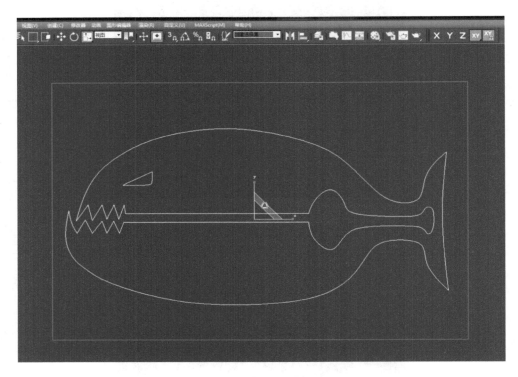

图 3-155 缩放模型尺寸

10）删除外框，将模型挤出 10mm 的厚度，如图 3-156 所示。

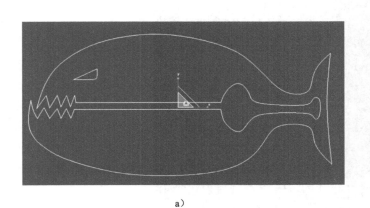

a)

b)

图 3-156 挤出相应厚度

11）右击，转为可编辑多边形，如图 3-157 所示。

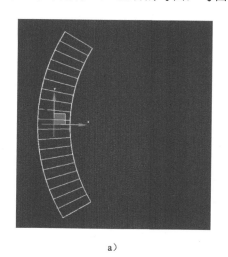

全部取消隐藏
隐藏未选定对象
隐藏选定对象

保存场景状态...
管理场景状态...
显示
变换
移动
旋转
缩放
选择
选择类似对象(S)
克隆(C)
对象属性(P)...
曲线编辑器...
摄影表...
关联参数...
转换为:　　　　转换为可编辑网格
　　　　　　　　转换为可编辑多边形
　　　　　　　　转换为可编辑面片

图 3-157　转为可编辑多边形

12）进行鱼鳍的制作。首先绘制一个长方体，输入长度将其分成若干段，使用弯曲命令进行 60° 左右的弯曲，弯曲轴选择 Y 轴，如图 3-158 所示。

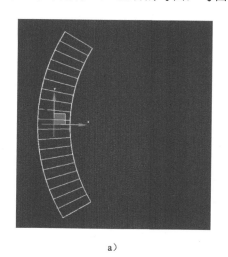

a)　　　　　　　　　　　　　　　　　　b)

图 3-158　建立长方体并弯曲

13）将其调整到如图 3-159 所示位置，右击，在选项里选择"转换为可编辑多边形"，如图 3-160 所示。

14）移动调整最上面的点使其变成平行的形状，如图 3-161 所示。

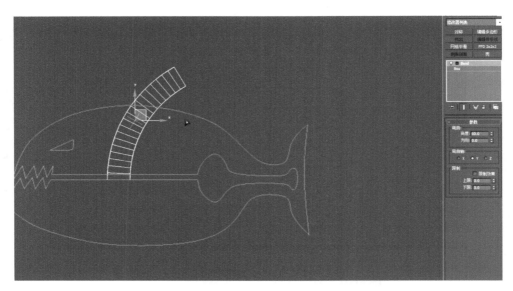

图 3-159　调整位置

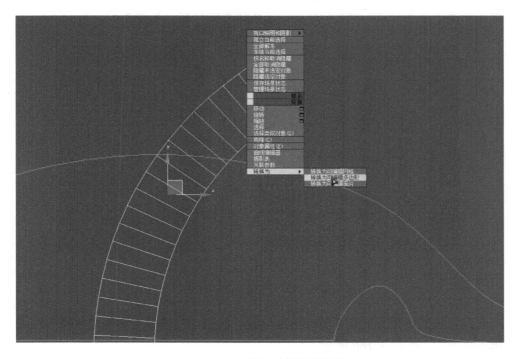

图 3-160　转换为可编辑多边形

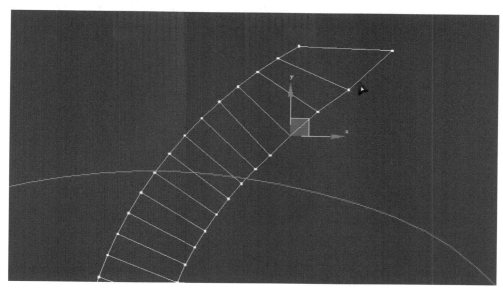

图 3-161　调整形状

15）沿 Y 轴进行镜像操作，复制出另一个副本，如图 3-162 所示。

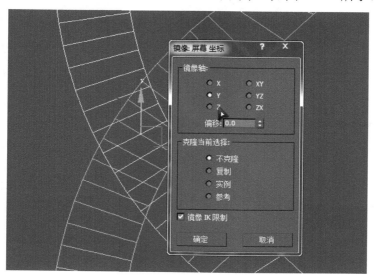

图 3-162　镜像

16）将复制的鱼鳍部分移动到下面，如图 3-163 所示。

17）运用布尔运算，使用时选择复制的方式，然后拾取两个鱼鳍，如图 3-164 所示。

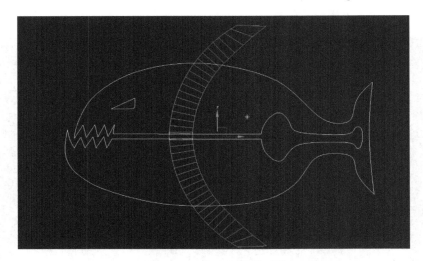

图 3-163 移动鱼鳍到下面

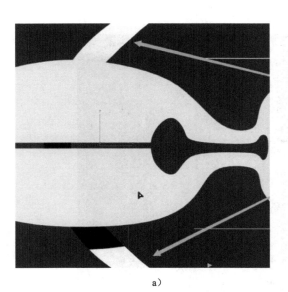

a）

b）

图 3-164 布尔运算

18）右击，在菜单里选择"隐藏选定对象"，检查是否布尔成功。这样制作出两个鱼鳍和鱼身体相连接的孔，如图 3-165 所示。

19）将两个鱼鳍进行缩放操作，如图 3-166 所示。

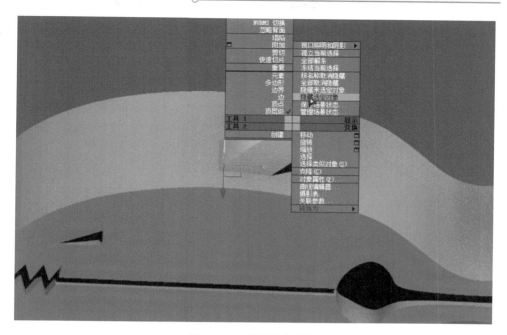

图 3-165　隐藏选定对象

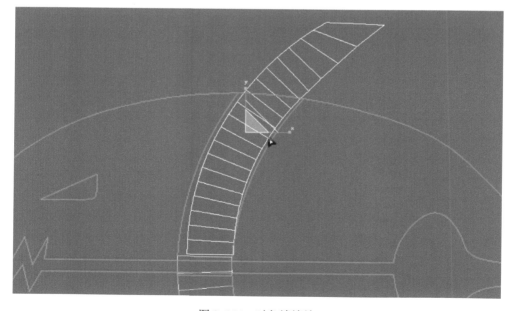

图 3-166　对鱼鳍缩放

20）继续使用弯曲功能，并且旋转来调整鱼鳍的角度，如图 3-167 所示。

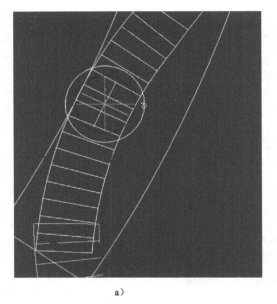

a)

b)

图 3-167　调整角度

21）把鱼鳍尖锐的地方进行圆滑处理，在控制面板里找到切角，分段输入 5。如图 3-168 所示。

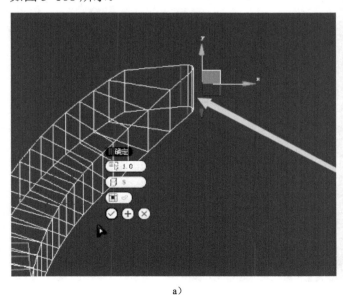

a)

b)

图 3-168　圆滑

22）按 F3 键进行实体显示，个性化食人鱼线夹建模完成，如图 3-169 所示。

图 3-169　食人鱼线夹建模完成效果

3.3.2　工业设计模型——安卓机器人手机架

建模软件可以用于一些工业产品的前期设计并打印与验证。本节利用前面的综合知识开发一个安卓机器人形状的手机架。

1）选择顶视图，我们在几何体下拉菜单中的拓展基本体中找到并创建一个切角圆柱体，半径输入 11，高度输入 80，圆角输入 11，如图 3-170 所示。

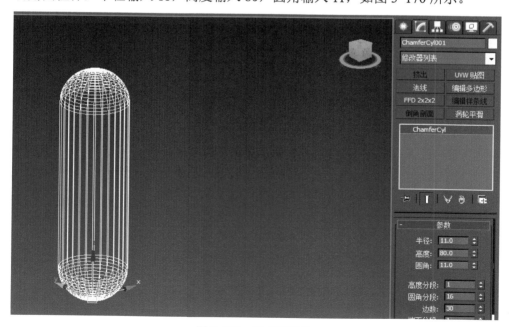

图 3-170　建立圆柱体

2）使用缩放工具，沿 Y 轴将其缩放一定比例，如图 3-171 所示。

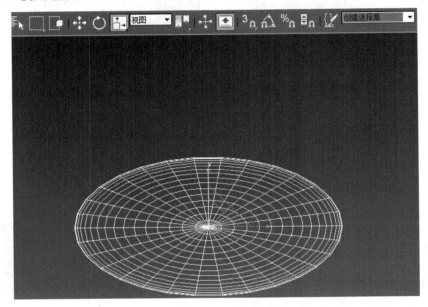

图 3-171　缩放

3）再创建一个切角圆柱体作为模型的身体，半径输入 40，高度输入 150，圆角输入 40，如图 3-172 所示。

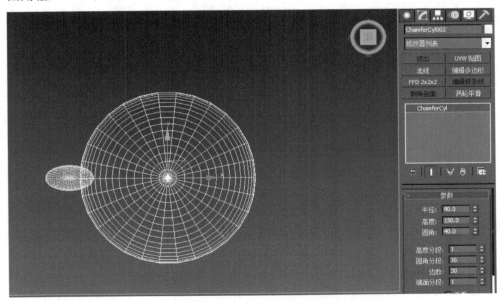

图 3-172　建立模型主体圆柱体

4）同样方法，将新建模型主体的圆柱体缩放一定比例，如图 3-173 所示。

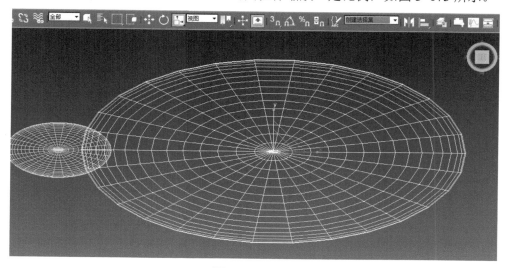

图 3-173　缩放

5）在其头部创建一个小的切角圆柱体，半径输入 4，高度输入 20，圆角输入 4，如图 3-174 所示。

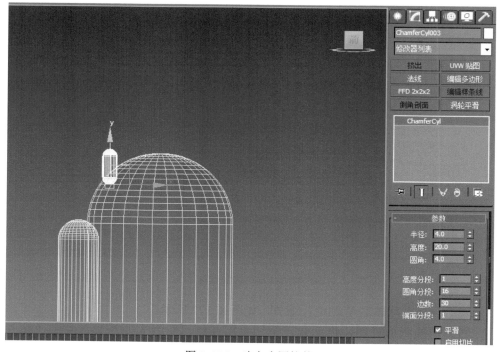

图 3-174　建立小圆柱体

6）对新建模型沿 Y 轴缩放，如图 3-175 所示。

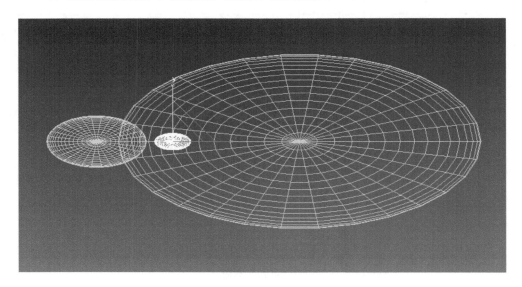

图 3-175　缩放

7）在小圆柱体附近创建一个半径为 4 的球体，如图 3-176 所示。

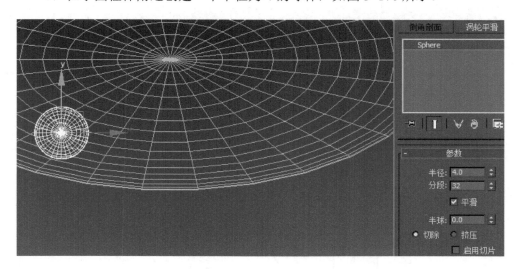

图 3-176　建立球体

8）同样对球体沿 Y 轴进行缩放，如图 3-177 所示。

9）切换到前视图，再创建一个切角圆柱体，作为模型的脚部，半径输入 16，高度输入 80，圆角输入 16，如图 3-178 所示。

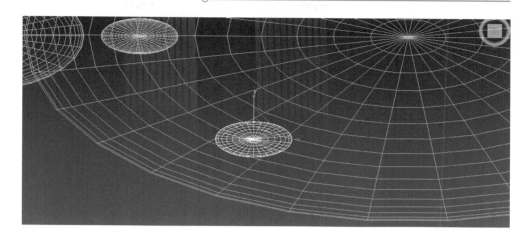

图 3-177　缩放

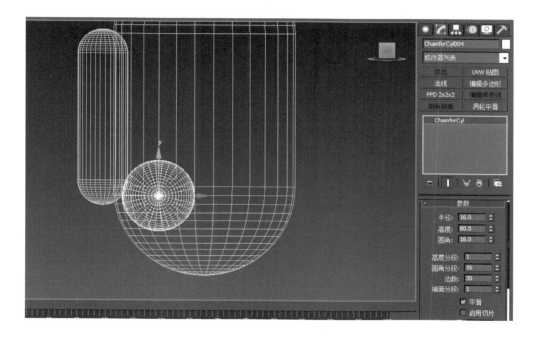

图 3-178　脚部圆柱体

10）切换到左视图，创建一个长方体，长度为 15，宽度为 20，高度为 50，然后将其旋转一定角度，如图 3-179 所示。

11）选择模型的脚部，在复合对象中选择布尔运算，然后拾取刚创建的长方体，制作出放置手机的凹槽，如图 3-180 所示。

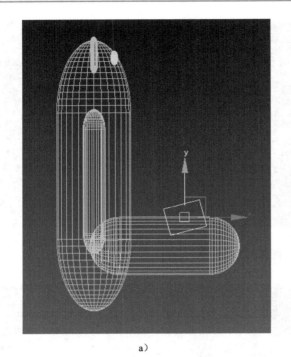

a）　　　　　　　　　　　　　　　b）

图 3-179　创建长方体

图 3-180　布尔运算

12）选择模型胳膊，转换为可编辑多边形，如图 3-181 所示。

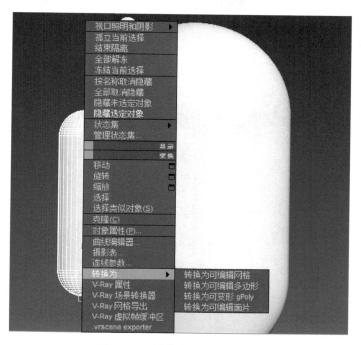

图 3-181　转换为可编辑多边形

13）单击"附加"按钮，将模型眼睛、天线还有脚部进行附加操作，如图 3-182 所示。

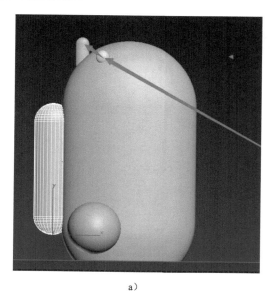

a）

b）

图 3-182　附加

14）选择"仅影响轴"，然后单击对齐工具，将轴对齐到机器人身体，如图 3-183 所示。

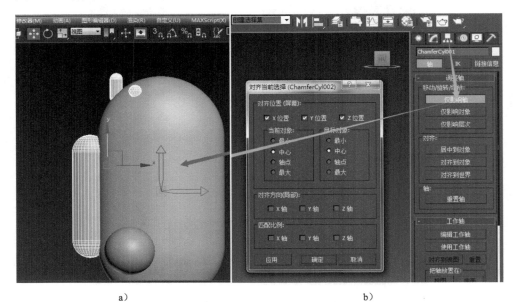

a)   b)

图 3-183   对齐

15）使用镜像工具沿 X 轴镜像，选择"复制"，将模型的另一半镜像出来，如图 3-184 所示。

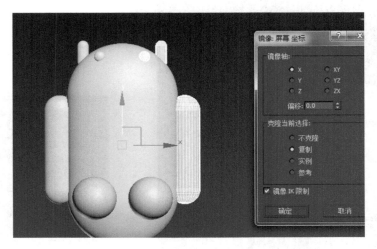

图 3-184   镜像模型另一半

16）使用附加功能，将模型所有部分附加到一起，如图 3-185 所示。

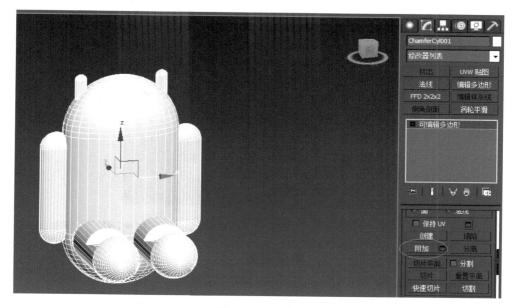

图 3-185　附加

17）在修改器列表中找到切片功能，移动切片到脚的下方，然后选择"移除底部"，如图 3-186 所示。

a）

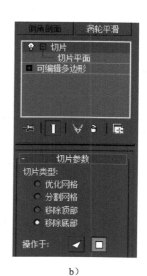

b）

图 3-186　切平模型脚部

安卓机器人形状的手机架建模完成，如图 3-187 所示。

图 3-187　建模完成效果

3.3.3　创意玩具模型——六角椭圆规

　　我国有一些传统的、构思和结构非常巧妙的玩具，比如七巧板、鲁班球、椭圆规等。本节学习六角椭圆规的建模，我们可以利用建模软件和 3D 打印机进行配合，更好地继承传统并开发创意玩具。

　　1）切换到顶视图，在几何体菜单中找到并创建一个圆柱体，半径输入44.8，高度输入 12，边数输入 6，如图 3-188 所示。

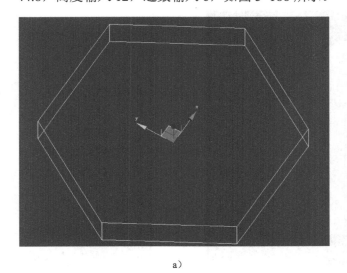

　　　　　　a)　　　　　　　　　　　　　　　　　　　　b)

图 3-188　创建圆柱体

　　2）创建一个长方体，长度输入 77.6，宽度输入 12.2，高度输入 8.2，如图 3-189 所示。

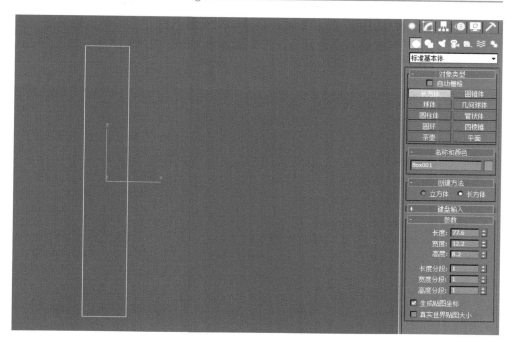

图 3-189　创建长方体

3）切换到前视图，右击，将长方体转换为可编辑多边形，如图 3-190 所示。

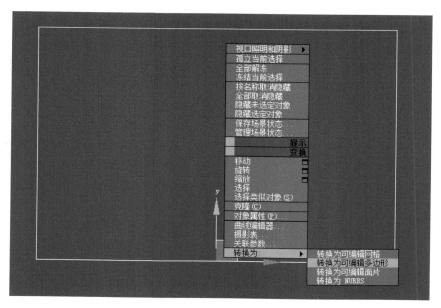

图 3-190　转换为可编辑多边形

4）按 1 进入点层级，按 F12 键开启移动变换输入框，选择左上角的点，在 X 轴输入 1.6，然后选择右上角的点，在 X 轴输入 −1.6，关闭输入框，如图 3-191 所示。

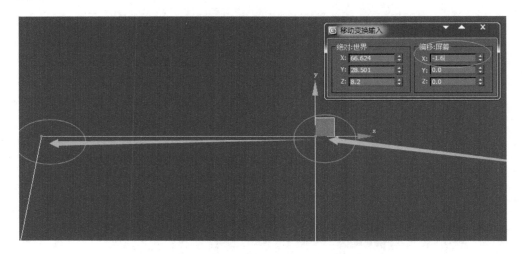

图 3-191　移动变换输入参数

5）在工具栏单击对齐工具，将矩形对齐到六边形，单击"确定"，如图 3-192 所示。

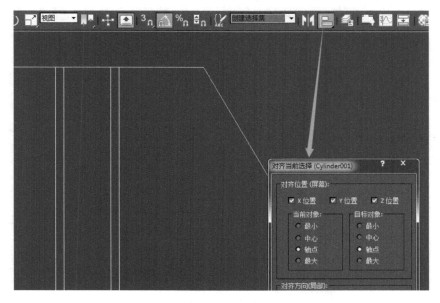

图 3-192　对齐

6）右击工具栏上的角度捕捉，将角度设置为 60°，如图 3-193 所示。

7）使用旋转工具，按住 Shift 键进行旋转，在克隆选项中选择"复制"，副本数量改为 2，如图 3-194 所示。

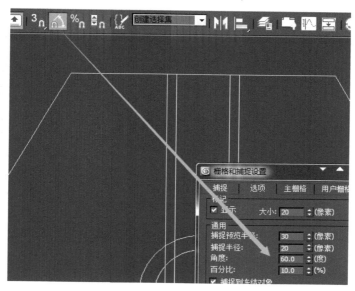

图 3-193　捕捉设置

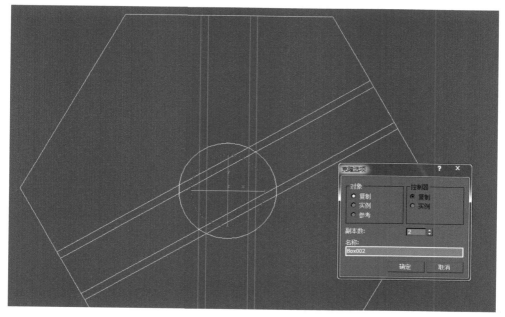

图 3-194　旋转并复制

8）全部选中，切换到前视图，按 S 键开启捕捉，沿 Y 轴移动捕捉到六边形上面的点，如图 3-195 所示。

9）切换到顶视图，在修改面板单击附加功能，将其他两个部分附加起来，如图 3-196 所示。

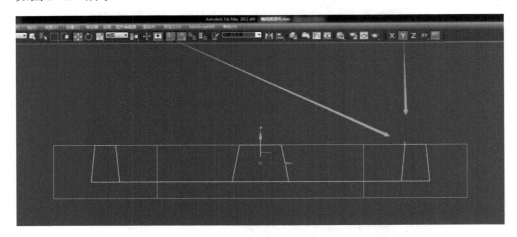

图 3-195　移动捕捉

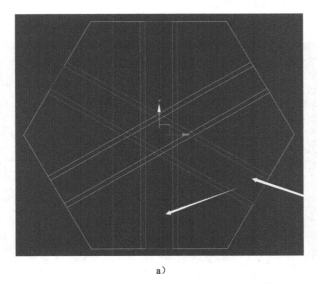
a）

b）

图 3-196　附加

10）选择六边形，在几何体下拉菜单中选择复合对象，使用布尔运算，拾取中间附加后的图形，如图 3-197 所示。

11）按 F3 键实体显示，得到椭圆规主体的效果，如图 3-198 所示。

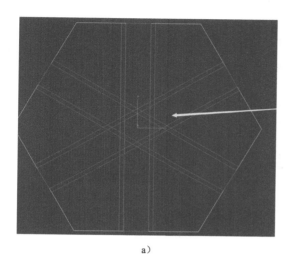

a)　　　　　　　　　　　　　　　　b)

图 3-197　布尔运算

图 3-198　六角形主体完成效果

12）创建一个长方体，长度输入 20，宽度输入 12，高度输入 8，如图 3-199 所示。

13）切换到前视图，右击，在弹出菜单里转换为可编辑多边形，如图 3-200 所示。

14）按 1 进入点层级，按 F12 键开启移动变换输入框，选择左上角的点，在 X 轴输入 1.6，然后选择右上角的点，在 X 轴输入 -1.6，关闭输入框，如图 3-201 所示。

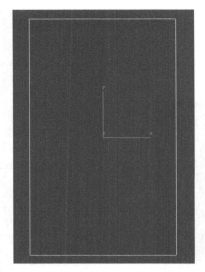

a)   b)

图 3-199　创建长方体

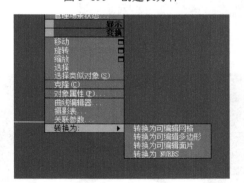

图 3-200　转换为可编辑多边形

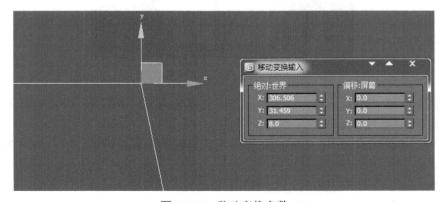

图 3-201　移动变换参数

15）回到顶视图，创建一个圆柱体，半径为 2，高度为 5，边数为 30，如图 3-202 所示。

16）在工具栏中使用对齐工具，将圆柱对齐到长方体，如图 3-203 所示。

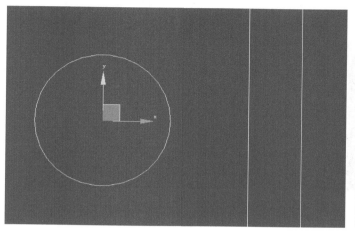

a）　　　　　　　　　　　　　　　　　　b）

图 3-202　建立圆柱体

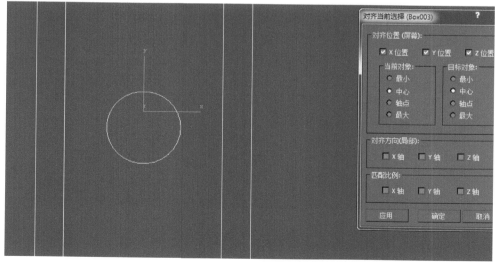

图 3-203　对齐

17）切换到前视图，沿 Y 轴向上移动到边界，如图 3-204 所示。

18）选中长方体，使用布尔运算，将里面的圆柱减去，如图 3-205 所示。

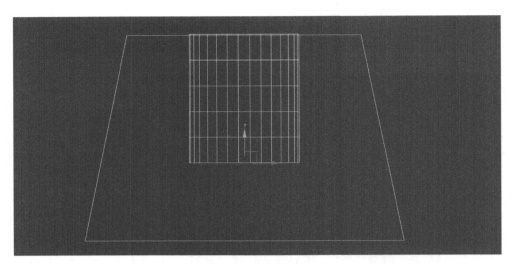

图 3-204　向上移动

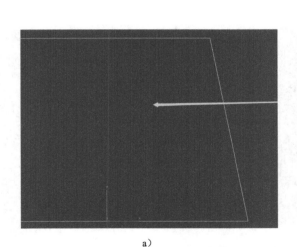

a）　　　　　　　　　　　　　　　　　　b）

图 3-205　布尔运算

19）切换到顶视图，再创建一个长方体，长度为 81.6，宽度为 12，高度为 2，如图 3-206 所示。

20）同上，再创建另一个长方体，长度为 12，宽度为 24，高度为 2，如图 3-207 所示。

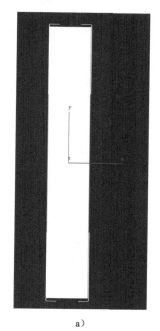

a)　　　　　　　　　　b)

图 3-206　创建长方体

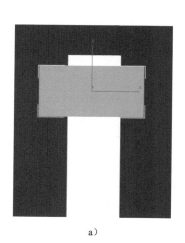

a)　　　　　　　　　　b)

图 3-207　创建新长方体

21）使用对齐工具，将后创建的长方体对齐到之前创建的长方体，如图 3-208 所示。

22）将后面的长方体沿 Y 轴移动到最上方的边，如图 3-209 所示。

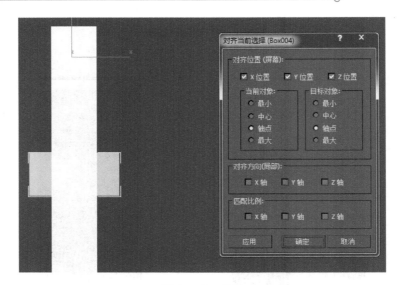

图 3-208　对齐

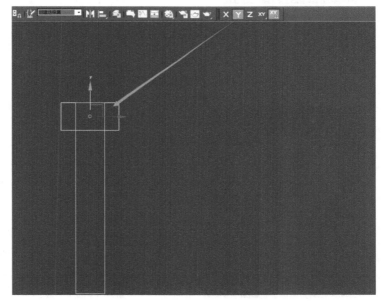

图 3-209　移动

23）接着创建一个圆柱体，半径输入 6，高度输入 20，边数输入 16，如图 3-210 所示。

24）再次使用对齐工具，将其对齐到中间的长方体，如图 3-211 所示。

25）将圆柱体沿 Y 轴移动到长方体下方的边，如图 3-212 所示。

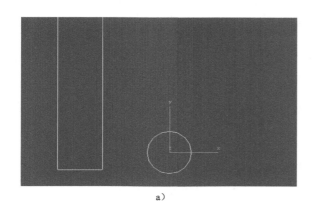

a) | b)

图 3-210 创建圆柱体

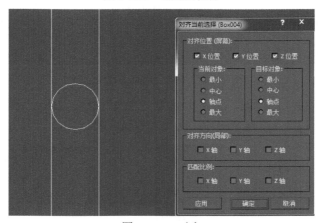

图 3-211 对齐

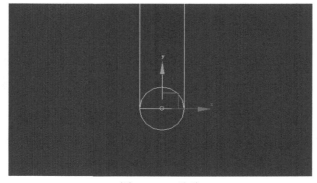

图 3-212 移动

26）右击，在弹出菜单中将圆柱转换为可编辑多边形，如图 3-213 所示。

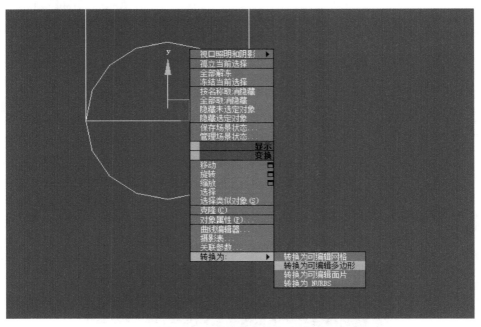

图 3-213　转换为可编辑多边形

27）按 2，进入边层级，选中上面的一圈边，在右边的面板中使用切角，数量输入 2，边数输入 8，然后确定，如图 3-214 所示。

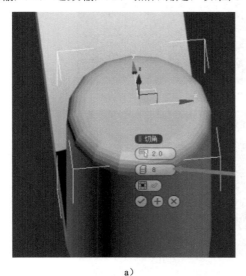

a）

b）

图 3-214　切角参数

28）再创建一个圆柱体，半径输入6，高度输入2，边数为30，如图3-215所示。

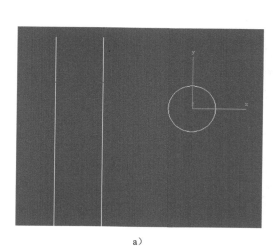

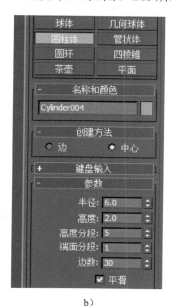

a)   b)

图 3-215 创建圆柱体

29）使用对齐工具将其对齐到上边的长方体，如图3-216所示。

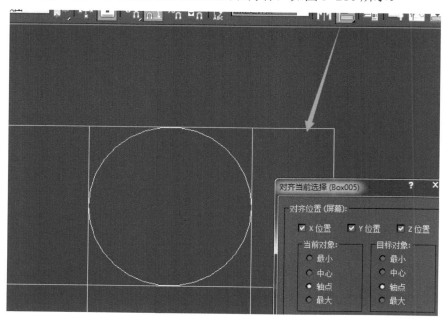

图 3-216 对齐

30）将圆柱体移动到右边，然后复制另一个圆柱体到左边，如图 3-217 所示。

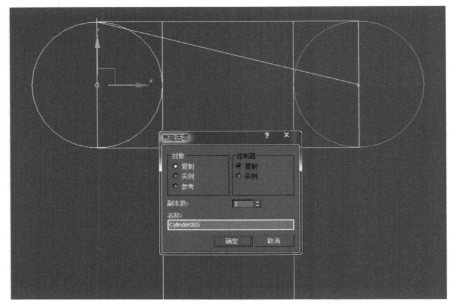

图 3-217　复制

31）将创建的所有几何体附加起来，如图 3-218 所示。

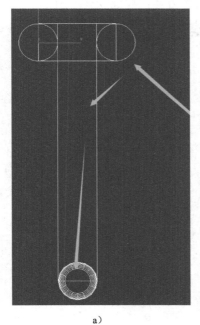

a）

b）

图 3-218　附加

32）创建一个新的圆柱体，半径输入 2，高度输入 6，如图 3-219 所示。

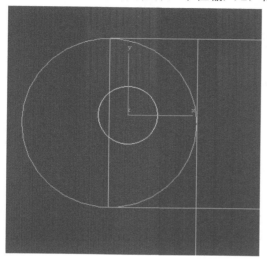
a）

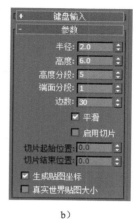
b）

图 3-219　创建圆柱体

33）使用对齐工具对齐到左边的大圆，如图 3-220 所示。

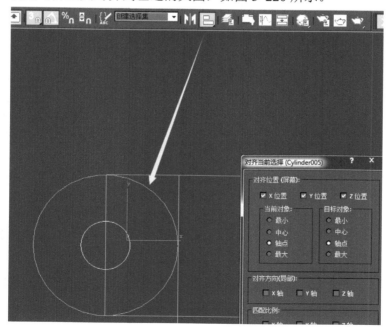

图 3-220　对齐

34）同样的方法，复制一个小圆形到右边大圆形的中心，如图 3-221 所示。

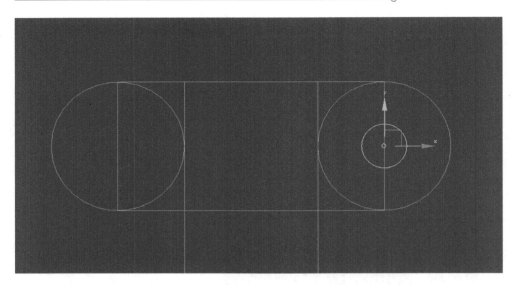

图 3-221 复制

35）再复制一个圆形，开启捕捉功能，将其沿 Y 轴对齐到上边的点，如图 3-222 所示。

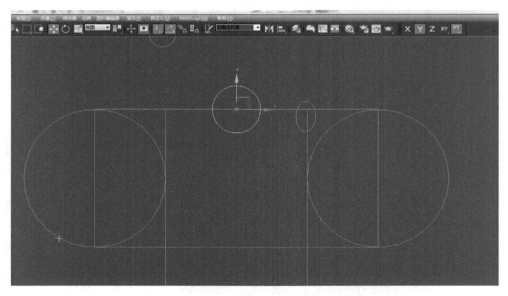

图 3-222 复制新的圆并对齐

36）按 F12 键，开启移动变换输入窗口，在 Y 轴输入 −26.78，然后回车，关闭输入框，如图 3-223 所示。

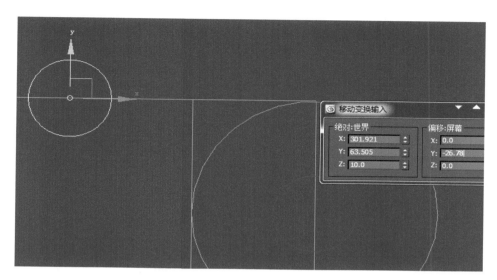

图 3-223　移动变换参数

37）利用附加功能，将三个圆柱附加起来，如图 3-224 所示。

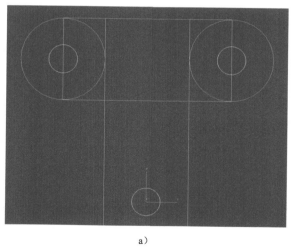

a）

b）

图 3-224　附加

38）使用复合对象里的布尔运算，减去刚刚附加的三个圆柱。滑动的手柄制作完成，建模完成效果如图 3-225 所示。

39）现在建立最后一个部件——固定件，首先在图形面板中选择并创建一个圆，半径输入 3，如图 3-226 所示。

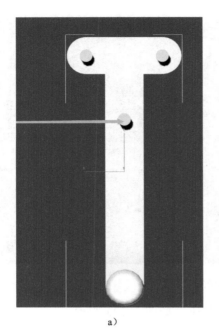

a） b）

图 3-225 布尔运算

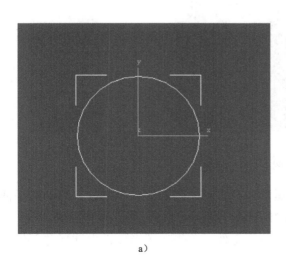

a） b）

图 3-226 创建圆

40）添加一个倒角修改器，分别开启级别 2 和级别 3，级别 1 高度输入 1.2，级别 2 轮廓输入 −1，级别 3 高度输入 5.08，如图 3-227 所示。

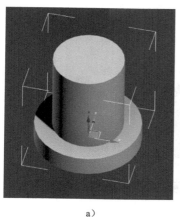

a）

b）

c）

图 3-227　倒角修改器

41）将其转换为可编辑多边形，按 2 进入边层级，选择上下的边，使用切角，数量输入 0.25，如图 3-228 所示。

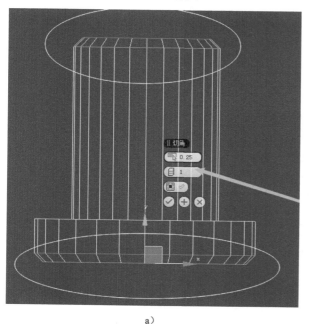

a）

b）

图 3-228　切角参数

椭圆规建模完成，如图 3-229 所示。

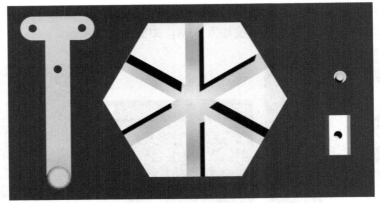

图 3-229　建模完成效果

3.3.4　创客模型——滑翔机套件

　　可以利用三维软件创建想象中的物体，通过 3D 打印机打印出来，然后结合机械、声、光、电子等其他套件，制造出具有一定功能的新发明。下面我们以滑翔机为例，反复运用不同的工具创建滑翔机的各个部件，主要是螺旋桨、车轮及多孔板等。

　　1）制作螺旋桨部分，在图形层级选择线，初步勾勒出螺旋桨叶片的外形，如图 3-230 所示。

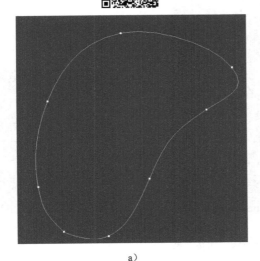

a）

b）

图 3-230　勾勒叶片外形

2）调整好外形以后，利用挤出功能将叶片挤出一定的厚度，如图 3-231 所示。

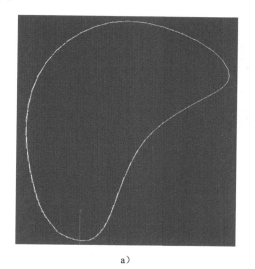
a）

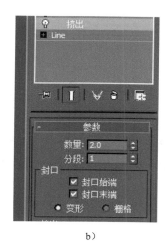
b）

图 3-231　挤出

3）添加 FFD 4×4×4，调整点，制作出凹凸位置细微调整，如图 3-232 所示。

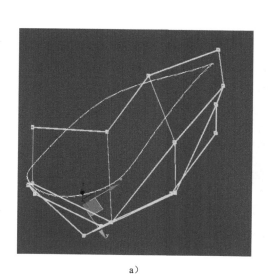
a）

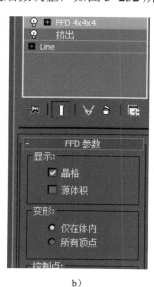
b）

图 3-232　调整凹凸位置

4）再添加 FFD 2×2×2，调整叶片的大体弯曲度，如图 3-233 所示。

5）创建一个管状体作为叶片的中轴，如图 3-234 所示。

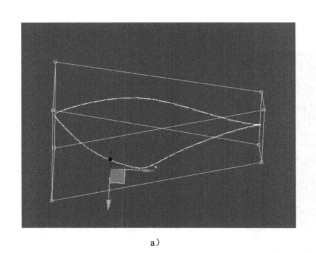

a）

b）

图 3-233　调整弯曲度

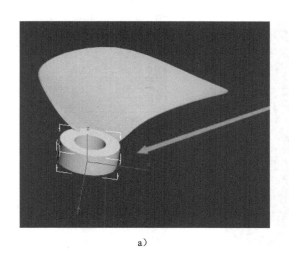

a）

b）

图 3-234　创建中轴管状体

6）再创建一个球体，点选"切除"选项成为半球，放置在叶片中轴上，如图 3-235 所示。

7）打开角度捕捉，旋转并复制三个叶片，如图 3-236 所示。

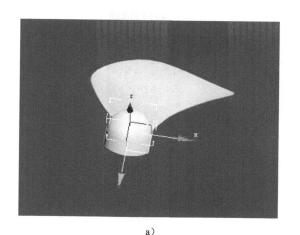

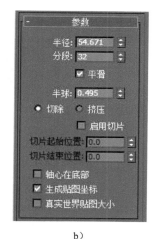

a）

b）

图 3-235　创建球体

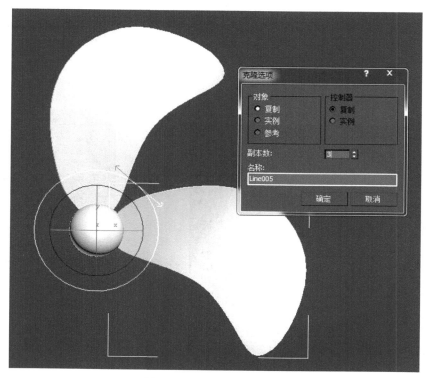

图 3-236　再复制三个叶片

螺旋桨部分的建模完成，如图 3-237 所示。

8）制作滑翔机的轮胎部分，首先创建一个圆柱体，半径输入 1.5，高度输入

0.9，如图 3-238 所示。

图 3-237　叶片建模完成效果

a)　　　　　　　　　　　　b)

图 3-238　轮胎主体圆柱体创建

9）在这个圆柱里再创建一个圆柱体，半径为 1.3，高度为 0.7，如图 3-239 所示。

10）使用对齐工具，对齐到第一个圆柱体，如图 3-240 所示。

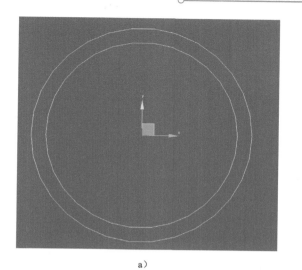

a）

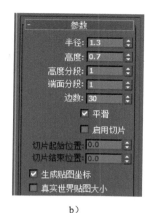

b）

图 3-239　创建新圆柱体

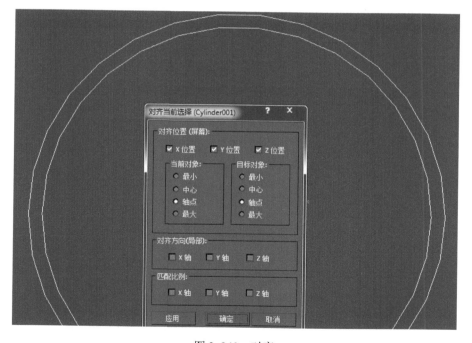

图 3-240　对齐

11）选择外面的圆柱，在复合对象里选择布尔运算，减去里面的圆柱，如图 3-241 所示。

12）进行布尔运算后，右击，将其转换为可编辑多边形，如图 3-242 所示。

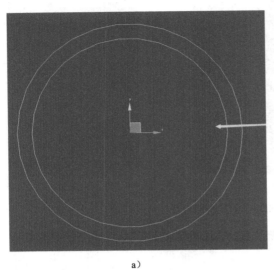

a）

b）

图 3-241　布尔运算

图 3-242　转换为可编辑多边形

13）按 4，进入多边形层级，选择上面的面，在编辑多边形面板选择"插入"，数量输入 0.28，然后确定，如图 3-243 所示。

14）在编辑多边形面板下单击"挤出"，数量输入 0.05，如图 3-244 所示。

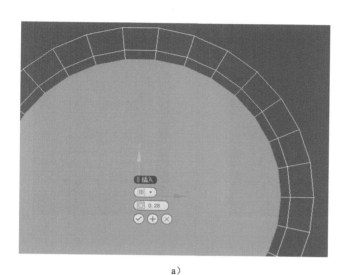

a)

b)

图 3-243　插入参数设置

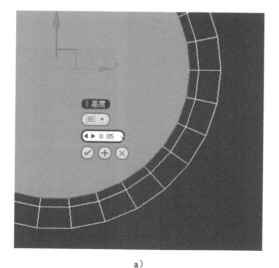

a)

b)

图 3-244　挤出

15）切换到前视图，创建一个长方体，长度为 0.1，宽度为 0.04，高度为 1，如图 3-245 所示。

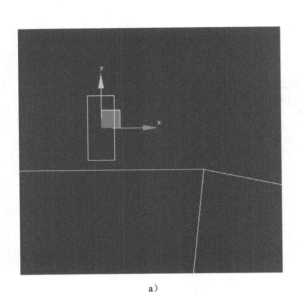

a）

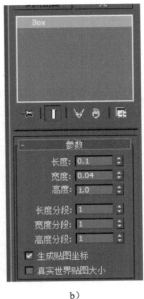

b）

图 3-245　创建长方体

16）使用"仅影响轴"，将长方体的轴对齐到圆柱体的中心，如图 3-246 所示。

a）

b）

图 3-246　对齐

17）右击角度捕捉，将角度改为 8°，开启角度捕捉，按住 Shift 键，使用旋转功能旋转复制出 45 个副本，如图 3-247 所示。

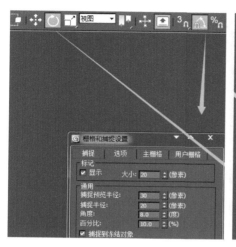
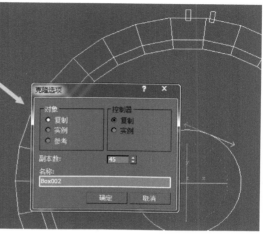

a) b)

图 3-247 捕捉及旋转、复制

18）单击"附加"按钮，将窗口中显示的所有 box 附加起来，单击"确定"，如图 3-248 所示。

19）选择圆柱，使用布尔运算，减去附加在一起的物体，如图 3-249 所示。

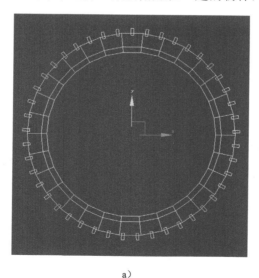

a）

图 3-248 附加

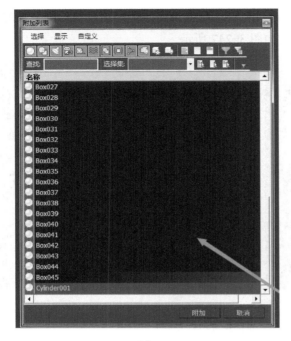

b)

c)

图 3-248　附加（续）

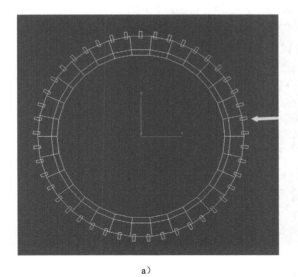

a)

b)

图 3-249　布尔运算

20）创建一个圆柱，半径为 0.3，高度为 1，如图 3-250 所示。

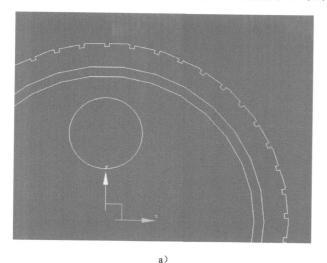 

a)   b)

图 3-250　创建圆柱

21）将圆柱的轴对齐到外部的车轮，如图 3-251 所示。

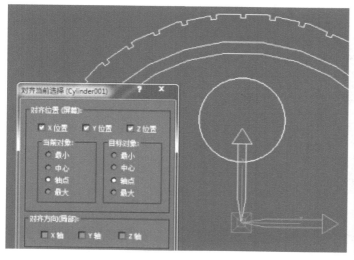 

a)   b)

图 3-251　对齐

22）将角度捕捉中的角度改为 60°，如图 3-252 所示。

23）通过旋转功能再复制出 5 个副本，如图 3-253 所示。

· **147** ·

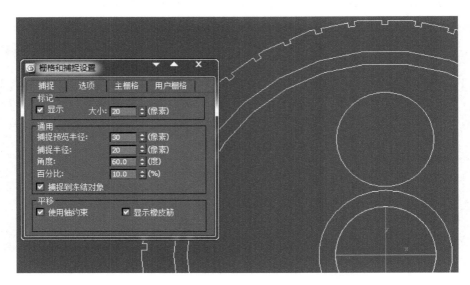

图 3-252　捕捉设置

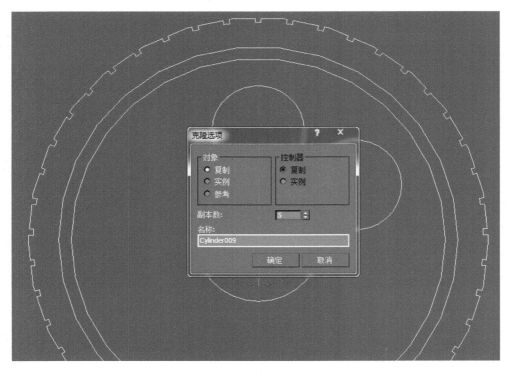

图 3-253　旋转复制副本

24）将 6 个圆柱全部附加起来，如图 3-254 所示。

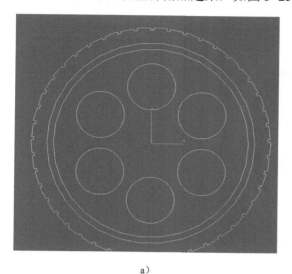

a)

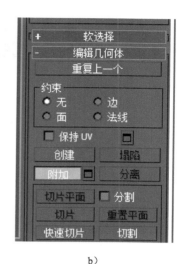

b)

图 3-254　附加

25）再次使用布尔运算，减去附加完成的圆柱，如图 3-255 所示。

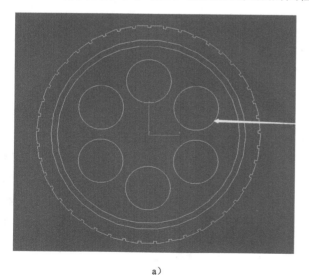

a)

b)

图 3-255　布尔运算

26）按 F3 键实体显示，切换到底视图，中间创建一个圆柱体，半径为 0.4，高度为 0.92，如图 3-256 所示。

27）使用对齐工具，将其中间对齐到轮胎中心，如图 3-257 所示。

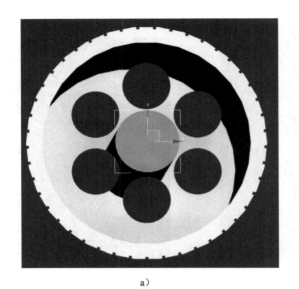

a）

b）

图 3-256　创建中间圆柱体

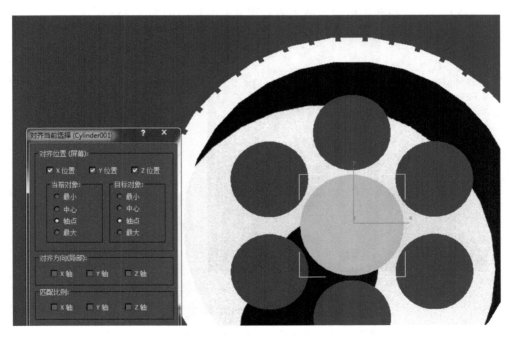

图 3-257　对齐

28）复制一个副本，半径改为 0.2，如图 3-258、图 3-259 所示。

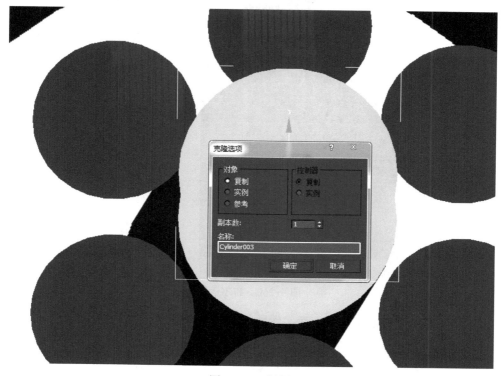

图 3-258　复制

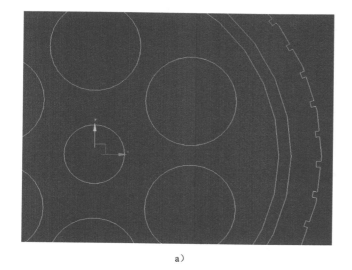

a）

b）

图 3-259　参数修改

29）使用布尔运算，减去上面创建的圆柱，如图 3-260 所示。

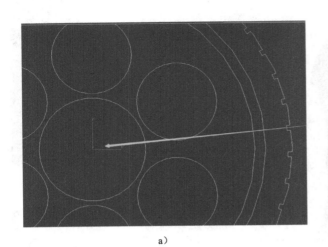

a) b)

图 3-260　布尔运算

30）将所有对象附加到一起，轮胎的部分制作完成，如图 3-261 所示。

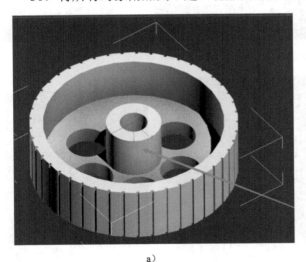
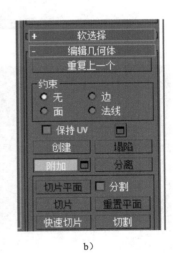

a) b)

图 3-261　轮胎制作效果

31）其余部件为滑翔机主体的多孔板，经过 3D 打印后，可以在多孔板的不同位置利用螺钉来固定电机、电池盒等部件。首先创建机身多孔板，我们在顶视图创建一个长方体，长度为 180，宽度为 7，高度为 7，如图 3-262 所示。

32）创建一个圆柱体，半径为 1，高度为 7，如图 3-263 所示。

a）

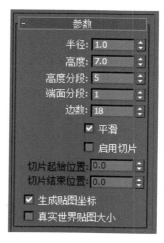

b）

图 3-262　机身多孔板

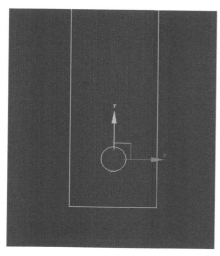

a）

b）

图 3-263　圆柱体创建

33）沿 Y 轴复制出 35 个副本，如图 3-264 所示。

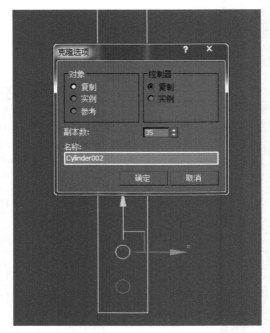

图 3-264　复制副本

34）选择其中一个圆柱，右击转换为可编辑多边形，如图 3-265 所示。

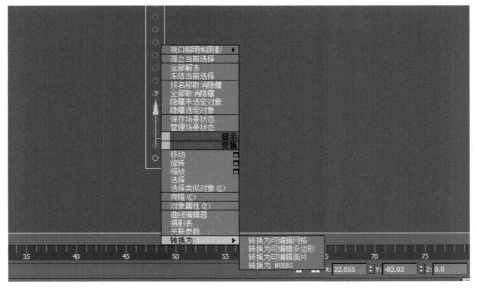

图 3-265　转换为可编辑多边形

35）使用附加功能，将列表中所有圆柱附加到一起，如图 3-266 所示。

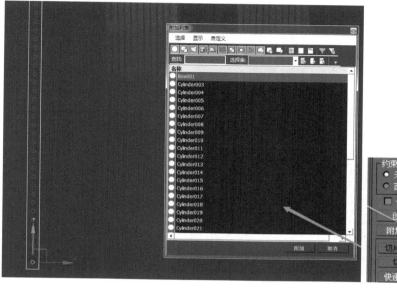
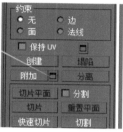

a）

b）

图 3-266　附加

36）选择主体的长方体，使用布尔运算将附加好的圆柱减去，如图 3-267 所示。

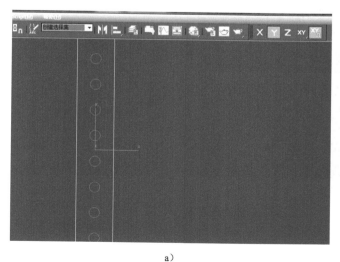
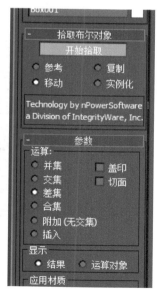

a）

b）

图 3-267　布尔运算

·155·

37）同理，绘制机翼部分的多孔板，创建一个长方体，长度为172，宽度为15，高度为2.5，如图3-268所示。

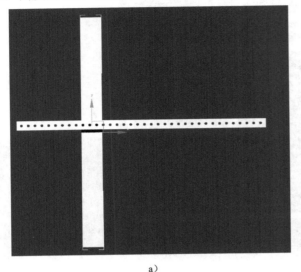

a)   b)

图 3-268 　创建长方体

38）再创建一个长方体，长度为172，宽度为4，高度为7，如图3-269所示。

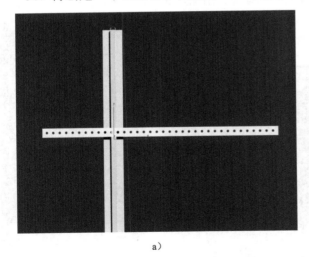

a)   b)

图 3-269 　创建新长方体

39）使用对齐工具对齐到上一个长方体，如图3-270所示。

40）使用附加功能，将两个长方体附加起来，如图3-271所示。

41）再绘制一个圆柱体，半径为1，高度为10，如图3-272所示。

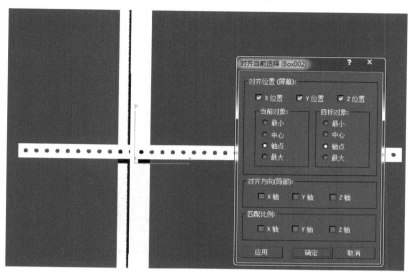

图 3-270　对齐

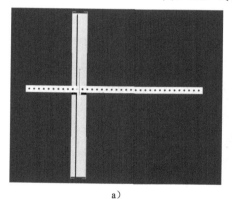

a）

b）

图 3-271　附加

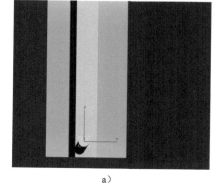

a）

b）

图 3-272　圆柱体创建

42）沿 X 轴分别复制出两个副本，如图 3-273 所示。

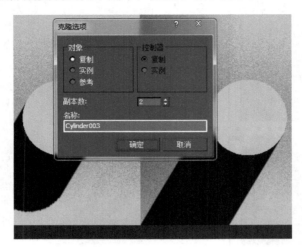

图 3-273　复制

43）将三个圆柱体附加起来，如图 3-274 所示。

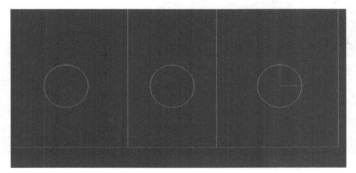

a）

图 3-274　附加

b）

44）沿 Y 轴按住 Shift 键拖动复制出 35 个副本，如图 3-275 所示。

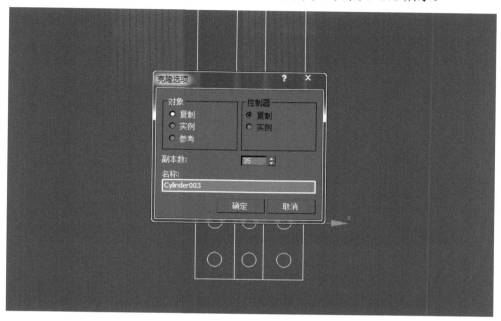

图 3-275　复制副本

45）将所有圆柱附加起来，如图 3-276 所示。

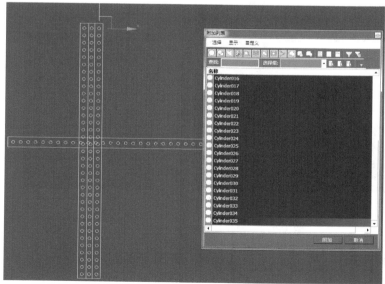

a)

b)

图 3-276　附加

46）选择机翼部分，使用布尔运算，减去附加在一起的圆柱体，如图 3-277 所示。

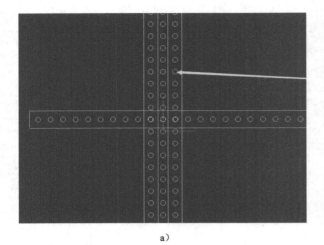

a)

b)

图 3-277　布尔运算

47）绘制滑翔机尾翼部分，创建一个长方体，长度为 5，宽度为 5，高度为 40，如图 3-278 所示。

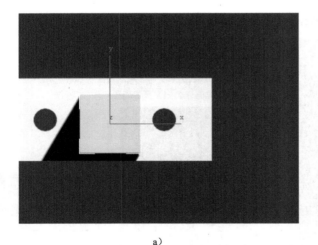

a)

b)

图 3-278　创建长方体

48）创建一个圆柱体，半径为 1，高度为 50，如图 3-279 所示。

49）利用对齐工具，对齐到刚创建的长方体，如图 3-280 所示。

50）选择长方体，使用布尔运算减去刚刚创建的圆柱，如图 3-281 所示。

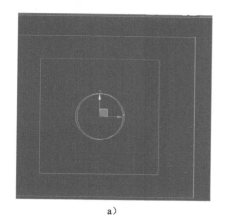

a）

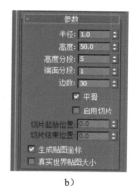

b）

图 3-279　创建圆柱体

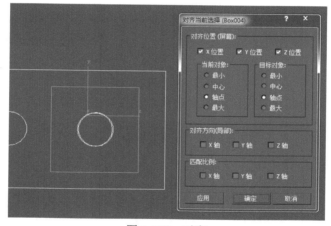

图 3-280　对齐

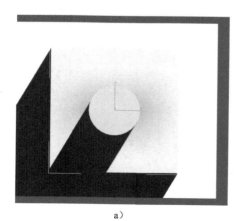

a）

b）

图 3-281　布尔运算

51）创建一个长方体，长度为 90，宽度为 15，高度为 2，如图 3-282 所示。

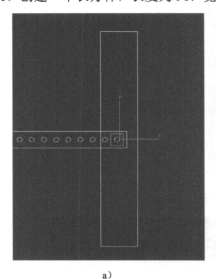

a）   b）

图 3-282　创建长方体

52）右击，将其转换为可编辑多边形，如图 3-283 所示。

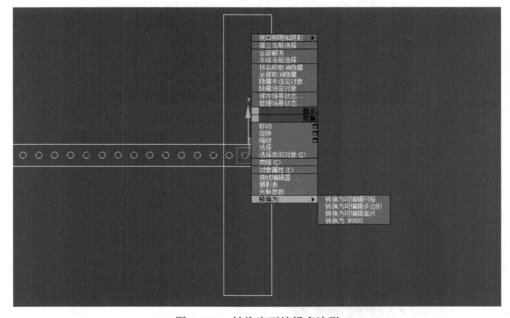

图 3-283　转换为可编辑多边形

53）切换到前视图，按 2 进入边层级，选择中间的边。单击切角，数量输入 7，边数输入 10，然后确定，如图 3-284 所示。

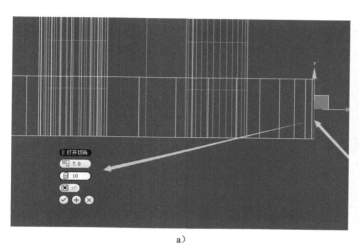

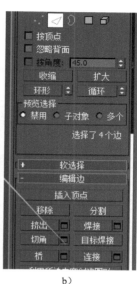

a)

b)

图 3-284　切角设置

54）创建一个圆柱体，高度为 8，半径输入 1，如图 3-285 所示。

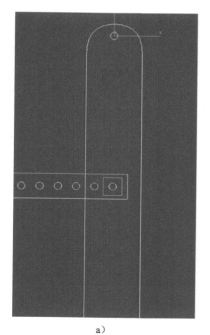

a)

b)

图 3-285　创建圆柱体

55）分别沿左右下方各复制一个副本，如图 3-286 所示。

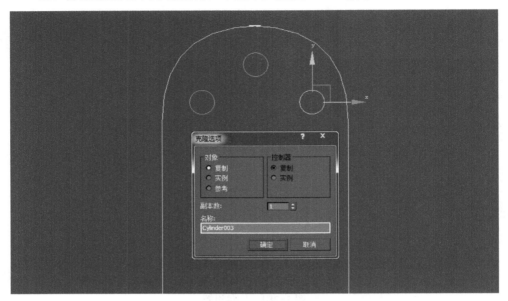

图 3-286　复制副本

56）将三个全部选中，沿 Y 轴向下复制 20 个副本，如图 3-287 所示。

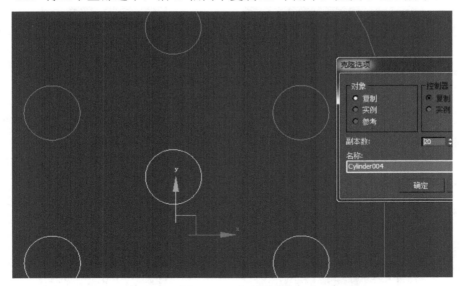

图 3-287　复制副本

57）将多余的副本删除，如图 3-288 所示。

58）利用附加功能，将所有圆柱附加起来，如图 3-289 所示。

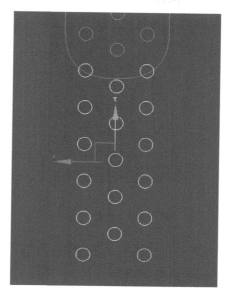

图 3-288　删除多余副本

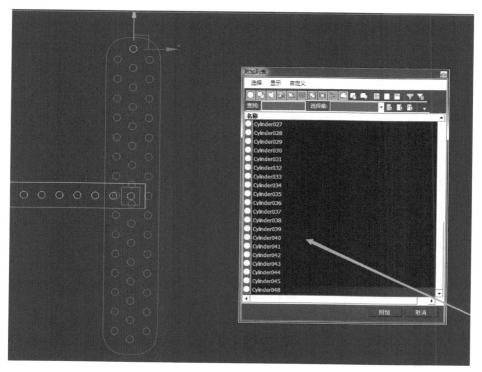

a）

图 3-289　附加

b）

图 3-289　附加（续）

59）选择尾翼，使用布尔运算减去附加起来的圆柱体，如图 3-290 所示。

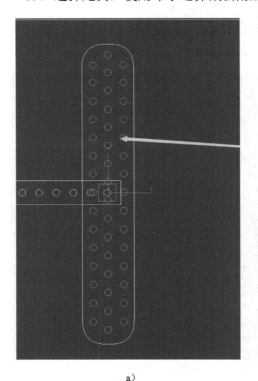

a）

b）

图 3-290　布尔运算

60）滑翔机的主体、机翼和尾翼的多孔板部分全部完成，如图 3-291，经过 3D 打印的结构件和其他套件组装处理后，效果如图 3-292 所示。

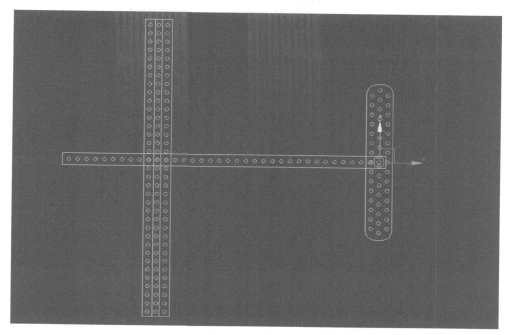

图 3-291　多孔板

图 3-292　滑翔机套件

3.3.5　创客模型——机械蝴蝶

　　机械蝴蝶是蝴蝶的外形结合可动的机械结构，是一件自然界并不存在的天马行空的创客作品。同样，建模过程中多次运用不同的建模知识，读者可以举一反三，熟练掌握。

1）使用图形面板中的线工具来勾勒出蝴蝶的身体部分，按 S 键开启捕捉，开始绘制外形，如图 3-293 所示。

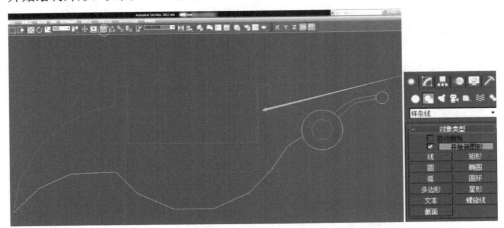

图 3-293　绘制外形

2）模型的头部和触角，我们使用圆工具来进行绘制，如图 3-294 所示。

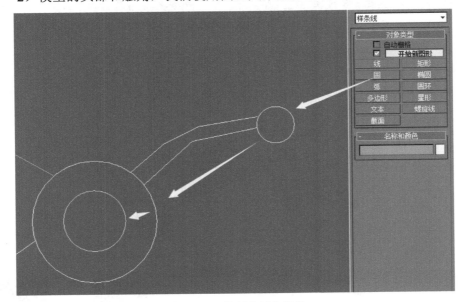

图 3-294　绘制头部和触角

3）右击转换为可编辑样条线，如图 3-295 所示。

4）选择所有点，右击，在弹出的菜单中进行平滑，如图 3-296 所示。

5）平滑后再次选择所有点，右击，在弹出的菜单中将其转换为 Beizer 角点，然后对每个点进行微调，如图 3-297 和图 3-298 所示。

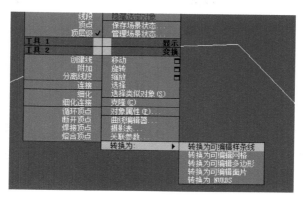

图 3-295　转换为可编辑样条线

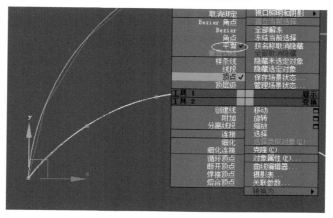

图 3-296　平滑

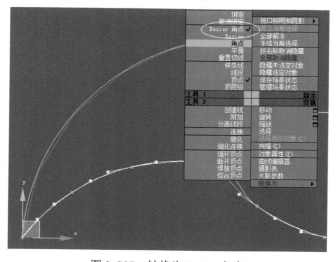

图 3-297　转换为 Beizer 角点

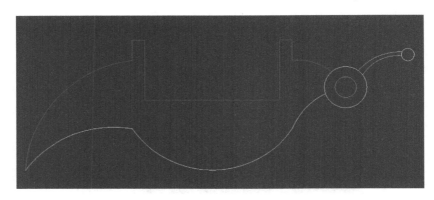

图 3-298　点的调整

6）将所有样条线附加到一起，如图 3-299 所示。

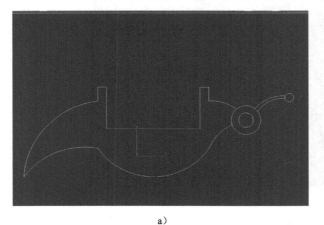

a）　　　　　　　　　　　　　　　　　b）

图 3-299　附加样条线

7）按 1 进入点层级，选择所有点，单击"焊接"功能按钮，如图 3-300 所示。

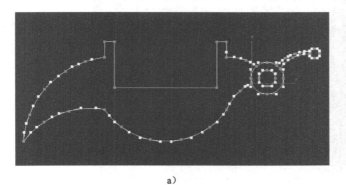

a）　　　　　　　　　　　　　　　　　b）

图 3-300　焊接

8）使用挤出修改器，挤出数量输入 12，如图 3-301 所示。

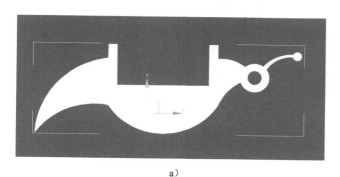

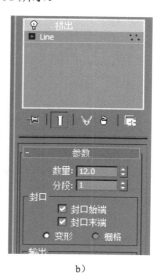

　　　　　a）　　　　　　　　　　　　　　　　　　b）

图 3-301　挤出

9）右击，将其转换为可编辑多边形，如图 3-302 所示。

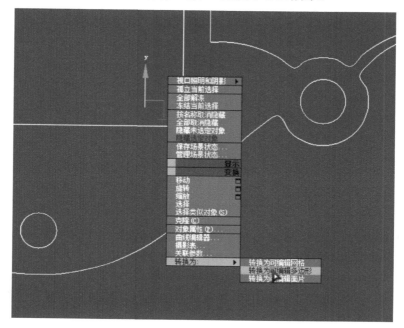

图 3-302　转换为可编辑多边形

10）按 2，进入边层级，选择最上方的边，在"编辑边"里单击"切角"，数量输入 5.5，边数输入 7，如图 3-303 所示。

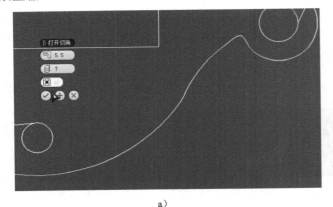

a)   b)

图 3-303　切角设置

11）绘制一个圆柱体，半径输入 4，高度输入 20，边数输入 40，如图 3-304 所示。

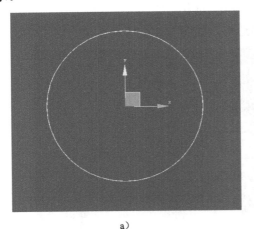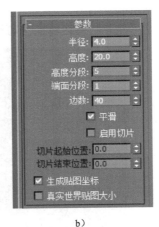

a)   b)

图 3-304　创建圆柱体

12）切换到左视图，在上方两个突出的位置再绘制一个圆柱体，半径为 2.7，高度为 100。将其对齐到身体部分，如图 3-305 所示。

13）将刚绘制的两个圆柱体附加起来，如图 3-306 所示。

14）使用布尔运算，拾取刚附加在一起的圆柱。蝴蝶身体部分建模完成，如图 3-307 和图 3-308 所示。

15）同理，绘制蝴蝶翅膀，使用线勾勒出蝴蝶翅膀的外形，如图 3-309 所示。

16）使用挤出修改器，将蝴蝶翅膀挤出 2.8mm 的厚度，如图 3-310 所示。

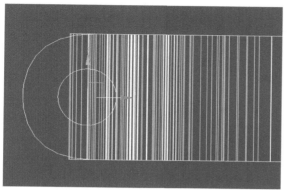

a)

b)

图 3-305　绘制圆柱体

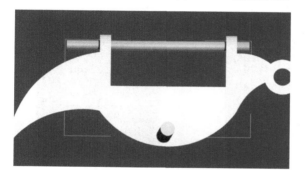

a)

b)

图 3-306　附加

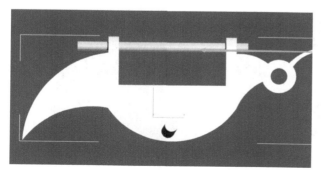

a)

b)

图 3-307　布尔运算

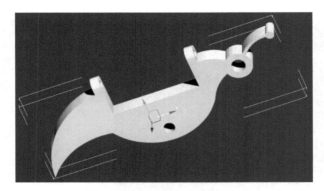

图 3-308 蝴蝶身体完成效果

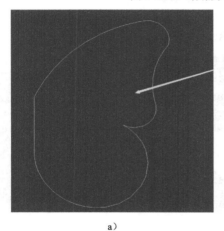

a)

b)

图 3-309 绘制蝴蝶翅膀

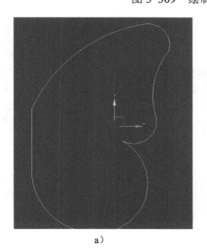

a)

b)

图 3-310 挤出

17）在蝴蝶翅膀上面创建一个长方体，长度为 5.8，宽度为 10.5，高度为 5.8，如图 3-311 所示。

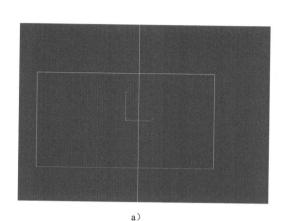

a）

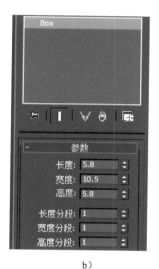

b）

图 3-311　创建长方体

18）右击，将其转换为可编辑多边形，如图 3-312 所示。

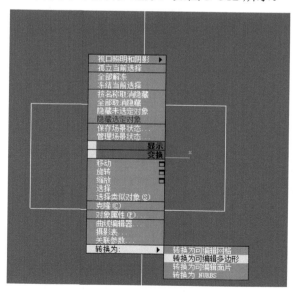

图 3-312　转换为可编辑多边形

19）切换到前视图，按 1 进入点层级，选择右上角的点，沿 X 轴向左移动，使其与下面的翅膀平齐，如图 3-313 所示。

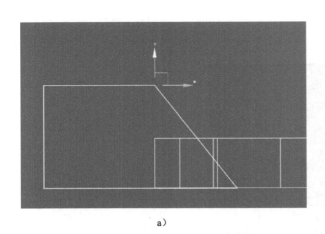

a)   b)

图 3-313　移动

20）沿 Y 轴向下复制一个副本，如图 3-314 所示。

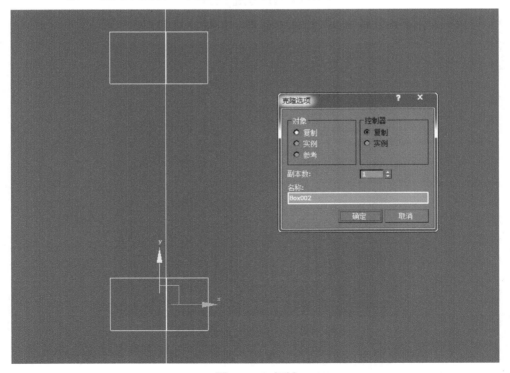

图 3-314　复制

21）翅膀部分完成效果如图 3-315 所示。

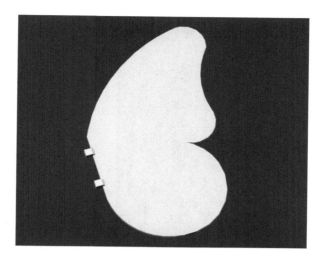

图 3-315　翅膀部分完成效果

22）绘制机械蝴蝶的轮子部分，创建一个圆柱体，半径输入 28，高度输入 8，边数输入 30，如图 3-316 所示。

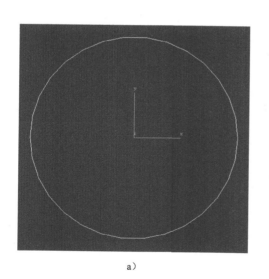

a）

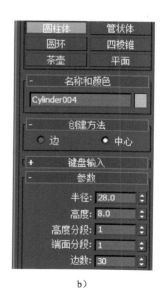

b）

图 3-316　创建圆柱体

23）接着再创建一个圆柱体，半径输入 6，高度输入 3.5，如图 3-317 所示。

24）使用对齐工具将其对齐到大圆柱，如图 3-318 所示。

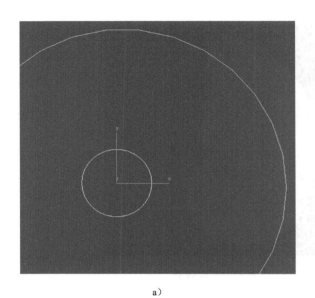

a)   b)

图 3-317 创建小的圆柱体

图 3-318 对齐

25）新建一个圆柱体，半径为 3.4，高度为 14.0，如图 3-319 所示。

26）使用对齐工具，将新建的圆柱体对齐到最外面的大圆柱体，如图 3-320 所示。

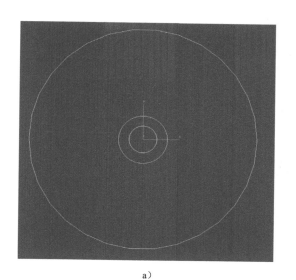

a)　　　　　　　　　　　　　　　　　b)

图 3-319　新圆柱体创建

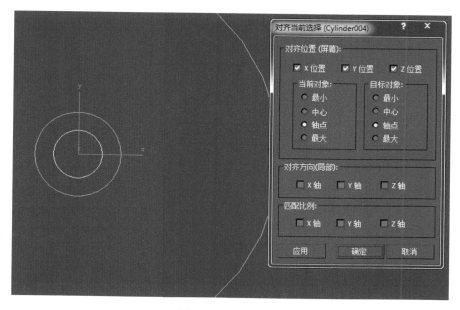

图 3-320　再次对齐

27）再次创建一个圆柱体，半径输入 3，高度输入 3.5，边数输入 5，如图 3-321 所示。

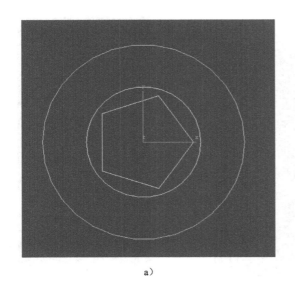

a)   b)

图 3-321　创建五边形主体

28）同样使用对齐工具，对齐到大圆柱体，如图 3-322 所示。

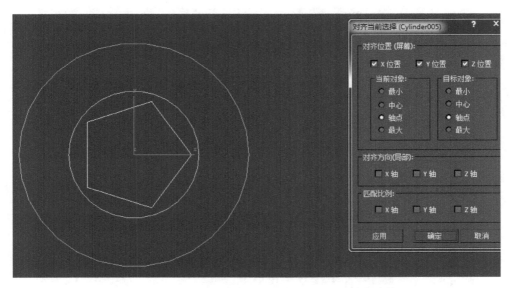

图 3-322　对齐

29）切换到前视图，将创建的物体依次沿 Y 轴移动到下一个物体的上方，如图 3-323 所示。

·180·

30）切换到顶视图，再创建一个圆柱体，半径输入 3，高度输入 10，边数输入 30，如图 3-324 所示。

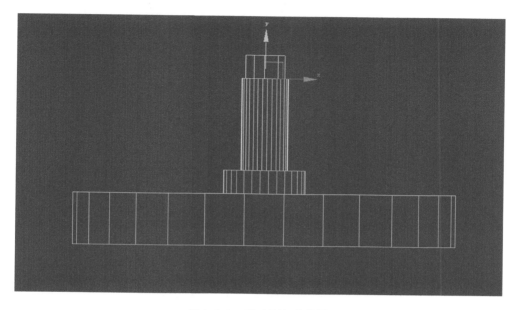

图 3-323　移动到相应位置

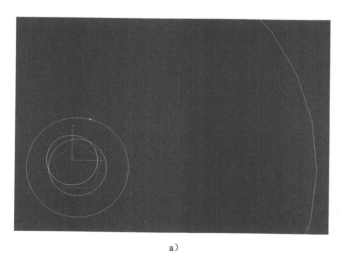

a）

b）

图 3-324　创建圆柱体

31）将其对齐到大圆柱体，如图 3-325 所示。

32）沿 Y 轴向上移动，与半径为 6mm 的圆柱体边缘相切，如图 3-326 所示。

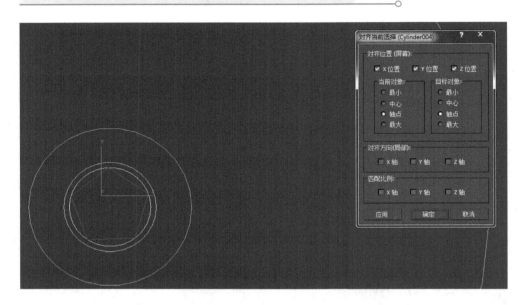

图 3-325 对齐

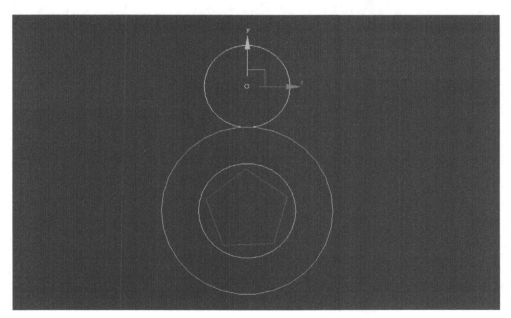

图 3-326 移动

33）选择大圆柱体，使用布尔运算减去刚创建的圆柱体，如图 3-327 所示。

34）切换到前视图，选择下面两个圆柱体，沿 Y 轴复制出一个副本，如图 3-328 所示。

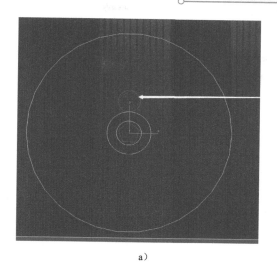

a）

b）

图 3-327　布尔运算

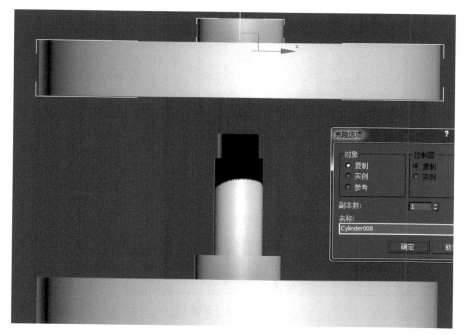

图 3-328　复制

35）单击工具栏中的镜像工具，选择 Y 轴镜像，然后确定，如图 3-329 所示。

36）将五边形复制一个副本，将半径改为 3.2，留出打印公差，如图 3-330 所示。

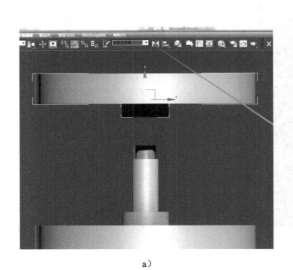

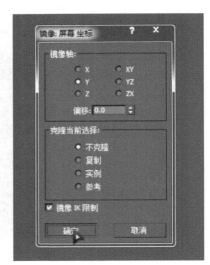

a）

b）

图 3-329　镜像

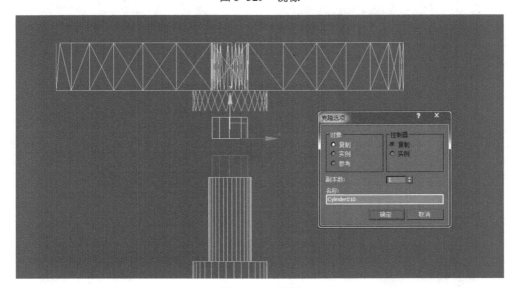

图 3-330　复制

37）选择上面的圆柱体，使用布尔运算减去刚复制的五边形，如图 3-331 所示。轮子部分完成制作，如图 3-332 所示。

38）绘制结构部件，首先我们在几何体下拉菜单找到拓展基本体，创建一个 C-Ext，背面长度和前面长度输入 35，侧面长度输入 60，宽度全部输入 6，高度输入 12，如图 3-333 所示。

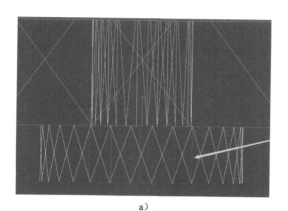

a)

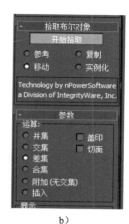

b)

图 3-331 布尔运算

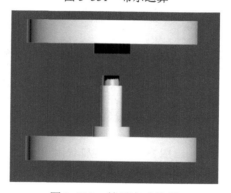

图 3-332 轮子完成效果

a)

b)

图 3-333 创建 C-Ext

39）切换到前视图，创建一个管状体，半径 1 输入 6，半径 2 输入 3，高度输入 6，边数输入为 40，如图 3-334 所示。

40）开启捕捉，将其移动对齐到 C-Ext 的一个边，再复制一个副本到另一个边，如图 3-335 所示。

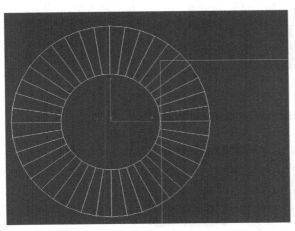
a）

b）

图 3-334　创建管状体

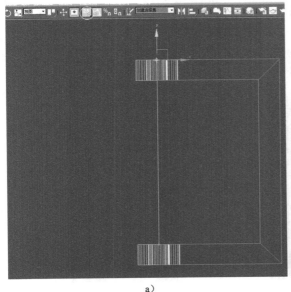
a）

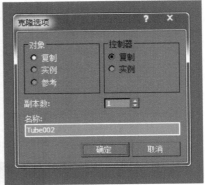
b）

图 3-335　制作副本

41）创建一个长方体，长度为 48，宽度为 6，高度为 12，如图 3-336 所示。

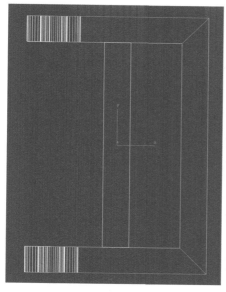

a）　　　　　　　　　　　　b）

图 3-336　创建长方体

42）按 F12 键，打开移动变换输入框，在 X 轴输入 -12，如图 3-337 所示。

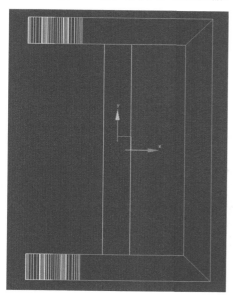
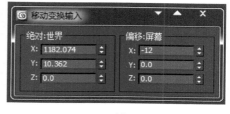

a）　　　　　　　　　　　　b）

图 3-337　移动变换

43）利用附加功能，将四个几何体附加，如图 3-338 所示。

a）

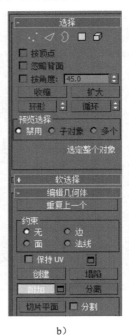

b）

图 3-338　附加

44）切换到前视图，创建一个圆柱体，半径输入 3，高度输入 80，如图 3-339 所示。

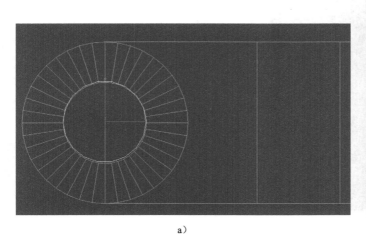

a）

b）

图 3-339　创建圆柱体

45）将其捕捉到之前创建的管状体的中心，如图 3-340 所示。

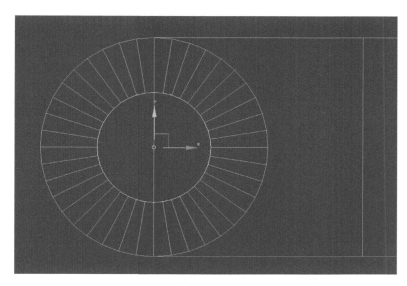

图 3-340　捕捉到管状体中心

46）开启角度捕捉，整体选中，旋转 90°，如图 3-341 所示。

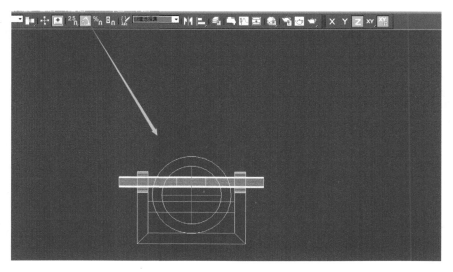

图 3-341　角度捕捉

47）将刚创建的圆柱体旋转复制一个副本，如图 3-342 所示。

48）创建一个长方体，长度为 6，宽度为 6，高度为 12，如图 3-343 所示。

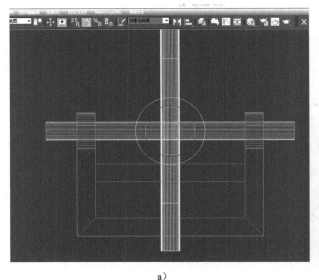

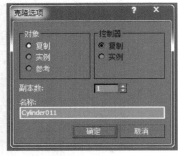

a)   b)

图 3-342　复制副本

a)   b)

图 3-343　创建长方体

49）将其对齐到中间的圆柱体，如图 3-344 所示。

50）将其沿 X 轴移动，数值为 15，如图 3-345 所示。

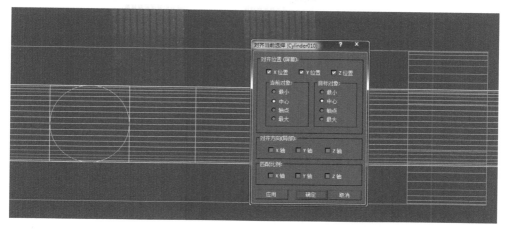

图 3-344　对齐

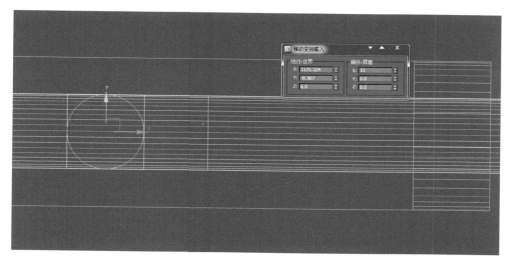

a)

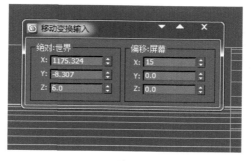

b)

图 3-345　移动

51）沿 Y 轴再复制出一个副本，如图 3-346 所示。

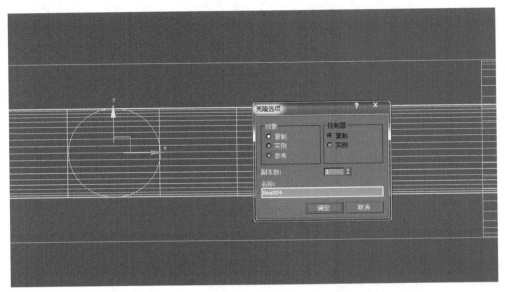

图 3-346　复制

52）再次对齐到中间的圆柱体，用同样的方法，沿 X 轴移动 -15，如图 3-347 所示。

53）切换到顶视图，将两个圆柱体和两个长方体附加。如图 3-348 所示。

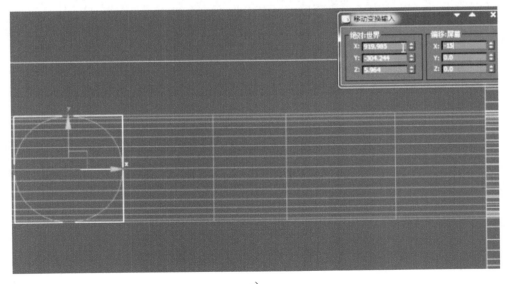

a）

图 3-347　移动

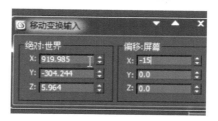

b）

图 3-347　移动（续）

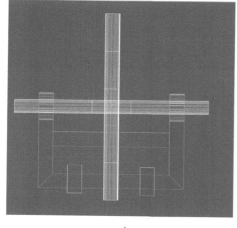

a）

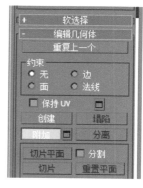

b）

图 3-348　附加

54）使用布尔运算减去刚附加在一起的几何体，如图 3-349 所示。

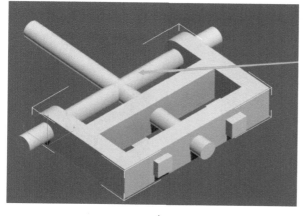

a）

b）

图 3-349　布尔运算

55）将进行布尔运算后的零件沿 X 轴复制出一个副本，如图 3-350 所示。

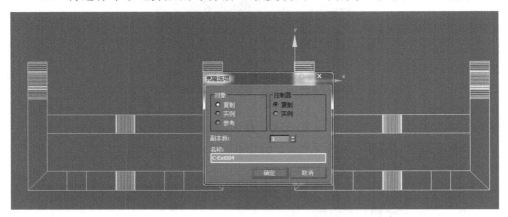

a）

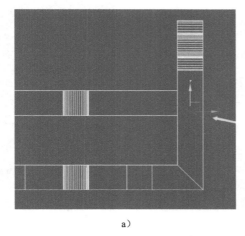

b）

图 3-350　复制

56）按 2 进入边层级，单击"编辑边"中的"连接"按钮，如图 3-351 所示。

a）

b）

图 3-351　连接

57）按 1 进入点层级，选择连接后的点，开启捕捉，沿 Y 轴移动到与上面的边平行，如图 3-352 所示。

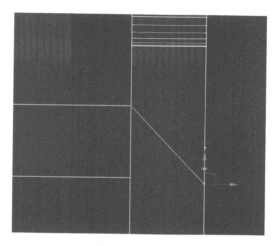

图 3-352　移动

58）按 4 进入多边形层级，框选平行边上面的部分，在"编辑几何体"中单击"分离"按钮，确定，如图 3-353 所示。

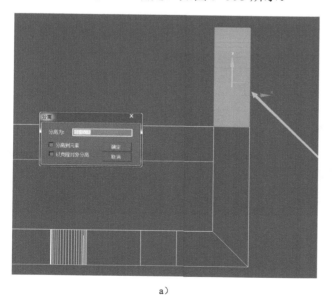

a）

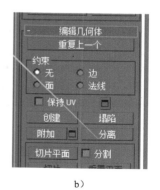

b）

图 3-353　分离

59）左侧的部分，用相同的方法分离出来，如图 3-354 所示。

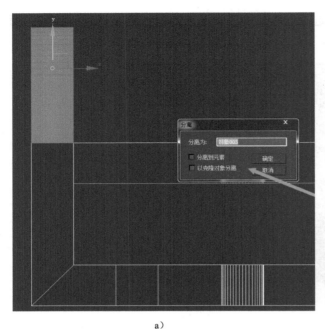

a)　　　　　　　　　　　　　　　b)

图 3-354　分离左侧部分

60）按 F12 键，左侧的沿 X 轴移动数值为 7.5，右侧的沿 X 轴移动 –7.5，如图 3-355 所示。

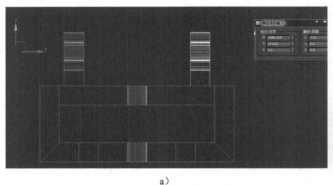

a)　　　　　　　　　　　　　　　b)

图 3-355　分别移动

61）按 2 进入边层级，选择较长的两条边，单击"桥"按钮，将其封口，另一边按同样方法制作，如图 3-356 所示。

62）按 F3 键实体显示，观察后发现还有部分需要封口，如图 3-357 所示。

63）选择需要封口的两个边，单击"桥"按钮，另一边采用同样的方法，如图 3-358 所示。

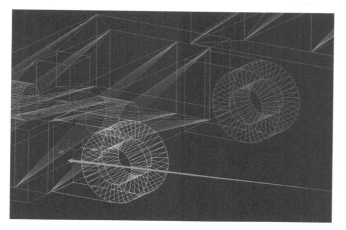
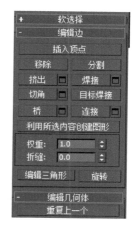

a)　　　　　　　　　　　　　　　　　b)

图 3-356　单击"桥"按钮

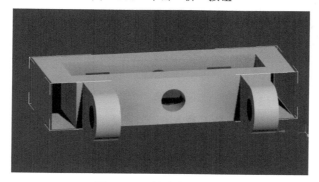

图 3-357　检查封口情况

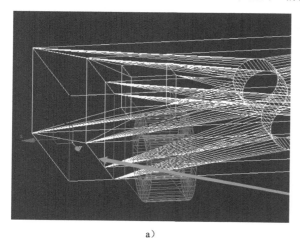
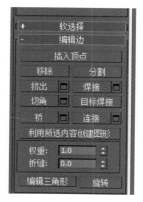

a)　　　　　　　　　　　　　　　　　b)

图 3-358　单击"桥"按钮

64）按 F3 实体显示再进行观察，确认没问题后将三部分附加起来。机械蝴蝶的一组榫卯部件建模完成，如图 3-359 所示。

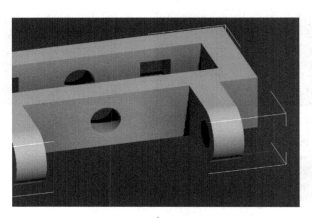

a）

b）

图 3-359　附加

65）创建一个管状体，半径 1 输入 6，半径 2 输入 4，高度输入 4，如图 3-360 所示。

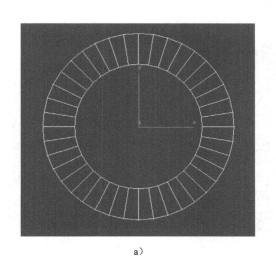

a）

b）

图 3-360　创建管状体

66）复制出一个副本，如图 3-361 所示。

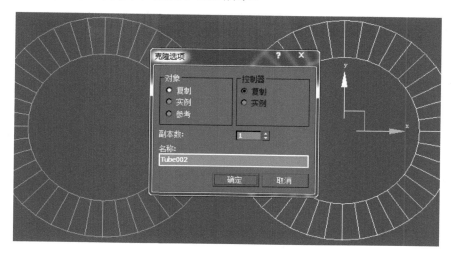

图 3-361　复制副本

67）对齐到原来的管状体，如图 3-362 所示。

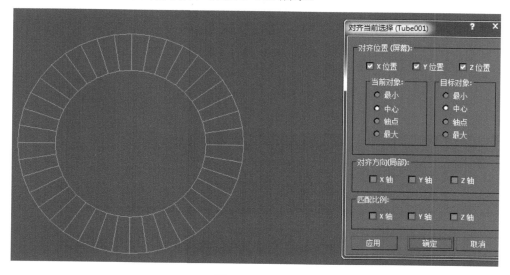

图 3-362　对齐

68）按 F12 键，在移动变换窗口中，偏移中的 X 轴输入数值 47，如图 3-363 所示。

69）右击，将模型转换为可编辑多边形。

70）切换到前视图，将两个几何体附加，按 4 进入多边形层级，框选正面的所有面，如图 3-364 所示。

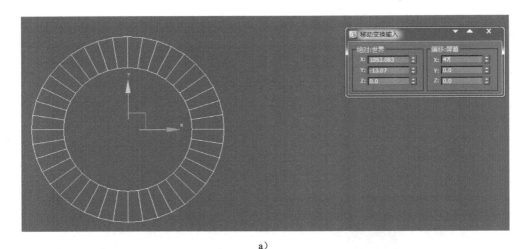

a)

b)

图 3-363　移动变换

a)　　　　　　　　　　　　　　　　　　　　b)

图 3-364　附加、框选正面的面

71）切换到顶视图，按住 Alt 键，框选左边的一半、右边的一半，还有中间的面，如图 3-365 所示。

72）在"编辑多边形"中单击"桥"按钮，这个部件建模完成，如图 3-366 所示。

73）绘制一个圆柱体，半径输入 6，高度输入 4，边数输入 30，如图 3-367 所示。

图 3-365　框选不同部分

a)

b)

图 3-366　单击"桥"按钮

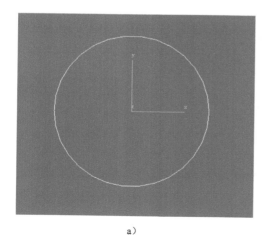

a)

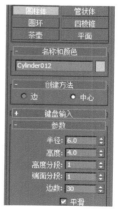

b)

图 3-367　绘制圆柱体

74）再绘制一个小的圆柱体，半径输入 2.9，高度输入 20，如图 3-368 所示。

75）使用对齐工具将新的小圆柱体对齐到大圆柱，如图 3-369 所示。

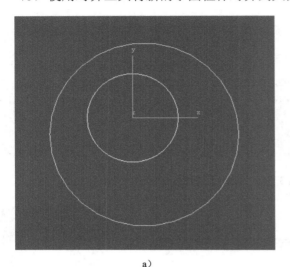

a）   b）

图 3-368　绘制新的小圆柱体

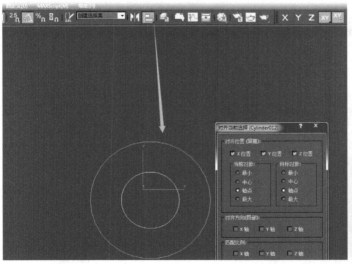

a）   b）

图 3-369　对齐

76）创建一个圆柱体，半径输入 2.8，高度输入 24，如图 3-370 所示。

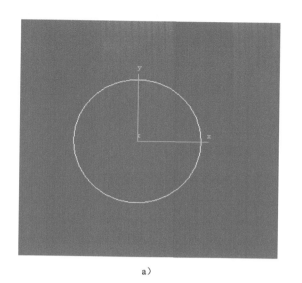

a)

b)

图 3-370　创建圆柱体

77）再创建一个圆柱体，半径输入 2.8，高度输入 24，如图 3-371 所示。

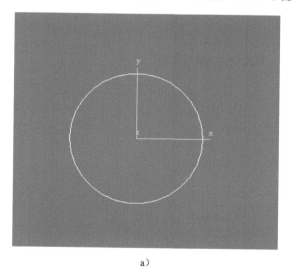

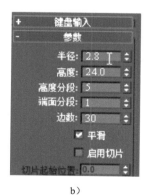

a)

b)

图 3-371　创建圆柱体

至此，机械蝴蝶所有的零件部分创建完成。所有零件经导出后，进入后面的打印部分，分别进行打印，然后按照结构拼插出机器蝴蝶。建模效果如图 3-372 所示，打印后效果如图 3-373 所示。

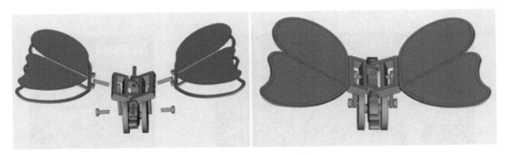

图 3-372　建模后效果图

图 3-373　机械蝴蝶完成后效果

第 4 章　FDM 3D 打印过程详解

4.1　3D 打印材料

4.1.1　多种多样的 3D 打印材料

基于不同技术原理的 3D 打印机有不同的打印方法，不同原理的 3D 打印机选用的材料也不相同，不同材料对最终成型质量、模型外观和精度都有影响，也决定了打印模型的用途。

1）熔融成型技术（FDM）的 3D 打印机通常使用 ABS 或 PLA 材料，光固化成型的 3D 打印机（SLA、DLP 等）通常会选用光敏树脂材料，如图 4-1 所示。

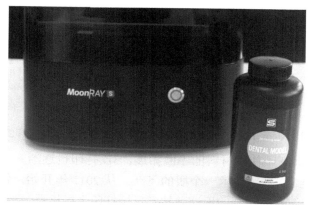

图 4-1　光固化原理 3D 打印机使用光敏树脂打印

2）激光烧结技术（SLS）的 3D 打印机通常使用的材料有钛合金（或其他金属，例如金和银）、石膏（类石膏粉末，能实现全彩打印）、尼龙等，如图 4-2 所示。

3）使用 3D 喷射技术的 3D 打印机材料就有更多选择了，例如橡胶，有韧性的、多种颜色的，甚至透明的。

4）使用 LOM 技术成型的 3D 打印机主要使用 PVC 和纸张（纸张还可以实现全彩打印），例如图 4-3 所示 Mcor IRIS 公司的 3D 打印机使用低成本的普通纸张作为打印材料。

图 4-2　激光烧结技术 3D 打印机的多材料打印

图 4-3　Mcor IRIS 公司的 3D 打印机使用纸张作为原料打印的模型

5）随着可供打印使用材料的不断拓展，3D 打印也逐渐具备了制作坚固成品的可能。这是 3D 打印技术一个质的飞跃。从 2011 年开始，钛合金和不锈钢材料的使用，使波音公司开始用这种技术直接打印飞机机翼，当然这种 3D 打印机的体型和价格都超越一般的 3D 打印机。

6）类似奶油那样黏稠度的食用材料都可用于 3D 打印，比如巧克力、奶酪、糖等，食品 3D 打印机通过注射器式的挤出喷头实现打印，如图 4-4 所示。

7）目前，仅 Objet 一家公司已经可以使用 14 种基本材料并在此基础上混搭出 107 种材料，两种材料的混搭使用、上色也已经成为现实。只是这些材料的价格便宜的要每千克几百元（人民币），最贵的要 4 万元左右。

8）为提高制造业竞争力，日本政府已经启动了使用砂子制作砂模的高性能 3D 打印机的国家项目。

图 4-4　使用食用材料打印的食品 3D 打印机

9）各种性能的线材，如具有磁性的线材、可导电的线材、仿木质线材、弹性线材、类似混凝土的坚硬材料、用于生物 3D 打印的特殊墨水等，这些线材适用于不同的应用领域，展现其材料的特色。3D 打印的材料随着 3D 打印技术的发展以及材料的发现与开拓不断增多。编者认为，不远的未来将会出现多种材料通用的多功能复合 3D 打印机。

4.1.2　常用 3D 打印材料选择

本章节中采用桌面级 FDM 3D 打印机，打印材料选择常见的 ABS 和 PLA，打印材料以线的形式出现，一般又被称为线材或打印耗材。

1．ABS 和 PLA 的特点

（1）ABS 的特点　ABS 成型性好，强度大，是比较好的打印材料。

1）ABS 的打印温度为 210 ～ 240℃，一般厂家会有温度指导范围，购买材料时要注意这一点，也可以调试多次来确定打印机的最合适温度，加热板的温度为 80℃以上。

2）ABS 的玻璃化温度（材料开始软化的温度）为 105℃。ABS 容易打印，无论用什么样的挤出机，都会滑顺地挤出材料，不必担心堵塞或凝固。

3）具有遇冷收缩的特性，一般第一层会从加热板上局部脱落、悬空，造成打印件起翘。若打印的物体很高，有时还会整层剥离。因此，ABS 打印不能缺少加热板。此外，建议使用密闭式的打印机，也不可在温度太低的房间打印，防止材料冷却，导致收缩。

4）打印时会产生强烈的气味，尽量在通风良好的房间里打印，并且远离正在打印的打印机。

（2）PLA 的特点　这种材料使用植物（如玉米）制作而成（见图 4-5），价格低廉、绿色环保、无毒。由于有良好的生物可降解性，使用后能被自然界中的微生物完全降解，最终生成二氧化碳和水，不污染环境。打印时无刺激性气味，味道像爆米花一样，这是相比较 ABS 而言非常重要的优点，适合学校等需要普及 3D 打印的场合。

图 4-5　以玉米为原料的 PLA 材料

1）PLA 的打印温度为 180 ～ 220℃。虽然加热板非必备品，但是建议大家在 60℃时使用加热板。

2）PLA 的玻璃化温度仅有 80℃左右，编者曾经打印的车载手机架，放在车里就融化变形了。

3）PLA 不像 ABS 那样出丝顺滑，经常会堵塞热端（尤其是全金属制的热端更是如此）。这是因为 PLA 熔化后容易附着和延展。可在打印前滴一滴油到热端（挤出头）上，就能滑顺不堵塞，长时间在甘甜的香气中打印。

4）在打印过程中几乎不会收缩，即使是开放式的打印机，也能打印巨大的物体，不必担心打印成品从加热板子上面悬空、歪斜或破损。适合在公共场所，甚至开放的空间做 3D 打印展示。

2. 打印材料线径

市场上常见的 3D 打印机所用打印材料的直径为 1.75mm 或者 3mm。购买之前先确定自己打印机的适用范围。

有些机器对打印材料线径要求比较严格，而好的材料可以把直径误差严格控制在 ±0.02mm。3D 打印机 90% 的问题都出在堵喷嘴，杂质和凸点会使线材直径大于喉管容纳范围导致喷嘴的堵塞，而线材堵喷嘴有 85% 的问题是出在线径大于喉管尺寸造成卡死，因此选择材料时要从多个厂家购买试用，找到适合自己 3D 打印机的材料。

3. 如何选择质量好的线材

（1）肉眼观察　仅凭外在条件来判断线料质量。

1）打开密封后，观察线材是否存在色差。

2）观察线材内部是否存在微小的气泡。

3）观察材质的色泽是否均匀。如果色泽不均匀，一般说明线材在生产时就发生了部分变化。

4）线材是否有黑色或其他颜色的斑点。

（2）精度

1）用手感测试精度，拉开 1 ～ 2m 长的线材，用大拇指和食指轻轻地夹住线材，然后慢慢地拉动线材。如果线材粗细不均匀或表面不光滑，手是很容易感知到的。

2）采用仪器测试，用带有数字显示功能的游标卡尺来测量其是否在控制的公差范围内。测量方式是在 1 ～ 2m 的长度内测试线径是否均匀；在每个测试点，旋转一周测量 3 ～ 4 个圆周的范围，主要测量线材是否"圆"，检测线材的直径是否控制有效。

（3）打印过程观察

1）观察基板（与平台铺底的第一层）打印线条的均匀度。一般的 3D 打印机在打印开始都要做基板，观察喷头在基板上的均匀程度。一般情况下，如果打印比较均匀，那么线材精度控制在要求范围内。

2）听声音判断。线材在正常运行中通过齿轮进料的装置，基本不会发出声音，如果线材不均匀，那么会发出齿轮摩擦声音。

3）观察线材在打印中内部结构的均匀程度，出料是否存在气泡、斑点等问题。

4.2　3D 打印文件相关知识

类似于音乐有标准的 MP3 格式文件，图片有 JPEG 格式文件，3D 打印领域也有标准文件格式，即 STL（标准三角语言）文件。

3D 打印机都可以接收 STL 文件格式进行打印，导出或保存 STL 文件后，所有表面和曲线都会被取代并转换成网格。网格由一系列的三角形组成，代表设计原型中的精确几何含义。

使用 STL 文件将对构建高质量模型发挥很大作用，很多三角形的面可以表现流畅的曲线，这需要导出高分辨率的 STL 文件。

4.2.1　3D 打印 STL 文件的导出

在第 3 章中得知，很多 3D 设计软件都可以用来设计三维模型，重要的是要输出或者转换成 STL 格式。建模软件 3ds Max 导出 STL 格式非常简单，步骤如下：

1）单击"File"（文件）→"Export"（导出），如图 4-6 所示。

2）在下拉菜单中找到扩展名为 STL 的文件格式，命名文件并单击"保存"，如图 4-7 所示。

图 4-6　3ds Max 导出 STL 格式

图 4-7　保存 STL 文件

3）在出现的窗口中，选"Binary"（二进制），勾选下面的"Selected only"，单击"OK"，就成功导出 STL 文件，如图 4-8 所示。以模型"指尖陀螺"为例，将其导出为"TUOLUO.Stl"。

图 4-8　导出 STL 文件设置

另一类就是工程类软件，例如在 SolidWorks 软件中导出步骤如下：

1）单击"File"（文件）→"Save As"（另存为），选择文件类型为 STL。

2）单击"Options"（选项）→"Resolution"（品质）→"Fine"（良好）→"OK"（确定）。

4.2.2　适合打印的 STL 文件

STL 文件要成功打印，需要满足以下几点要求：

（1）水密　STL 文件需要水密后才可以进行三维打印。水密最好的解释就是设计的模型是封闭没有孔洞的。即使设计的模型已经创建完成，很有可能在模型中仍存在没有被留意的小孔，这样的模型无法被打印出来，如图 4-9 所示。

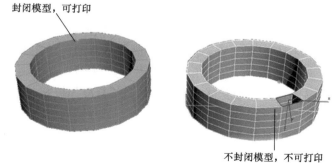

图 4-9　封闭模型和不封闭模型对比

（2）模型必须为流形（Manifold）　简单来说，如果一个网格数据中存在多个面共享一条边，那么它就是非流形的（Non-Manifold）。如图 4-10 所示，两个立方体只有一条共同的边，此边为四个面共享，这个模型无法进行打印。

（3）正确的法线方向　　模型中所有的面法线需要指向一个正确的方向。如果模型中包含了错误的法线方向，3D 打印机就不能判断出是模型的内部还是外部，如图 4-11 所示。

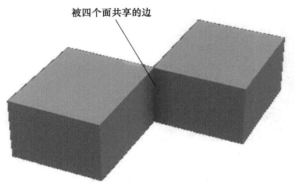

被四个面共享的边

法线反了

图 4-10　非流形模型无法打印　　　　　图 4-11　法线相反的模型无法打印

（4）层厚度　　3D 打印工艺都有各自的规格限制，其中一项就是机器所打印的层的厚度。如果在设计中存在精细到 0.01mm 的细节，而 3D 打印机的精度只有 0.1mm，3D 打印机会自动忽略它，无法打印成功。

（5）壁厚　　3D 打印设计时的模型表面不能没有厚度，因为打印的模型为实体，在计算机中可以没有厚度，但在 3D 打印机打印过程中，没有厚度的数据模型不会被打印。

（6）修复 STL 错误　　如果导出的 STL 文件的设计文件存在错误，那么 3D 打印机会报告"错误"。机器在建模的过程中遇到问题文件会崩溃并停止建模，这时文件截面已损坏，从而导致打印失败。

1）为了避免导出的 STL 文件在打印机软件里面产生错误，可以使用 netfabb 软件修复。例如，把 STL 文件拖到 netfabb 界面，单击右键，在弹出的菜单里单击"导出模型"→"为 STL"，如图 4-12 所示。

如果文件有错误，会有修复菜单弹出，单击"修复"按钮并选择"输出"，如图 4-13 所示。

2）3ds Max 本身带有修改器，主要用于验证对象是否为完整且闭合的曲面，从而为导出 STL 文件做准备。检查过程为：选择要检查的对象，在"修改"面板上，从"修改器列表"下拉菜单中选择"STL 检查"，一共有 5 种错误类型，可以选择"全部"，然后启用"检查"选项。最下面的"状态"组中的消息就会提示模型文件有没有错误，如图 4-14 所示。

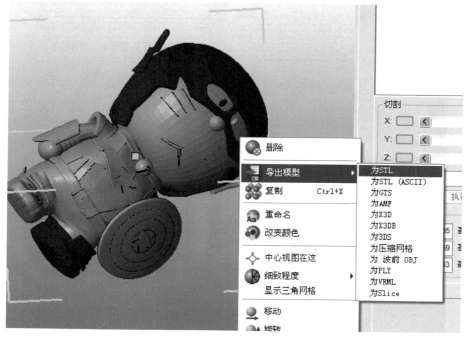

图 4-12　导出模型为 STL

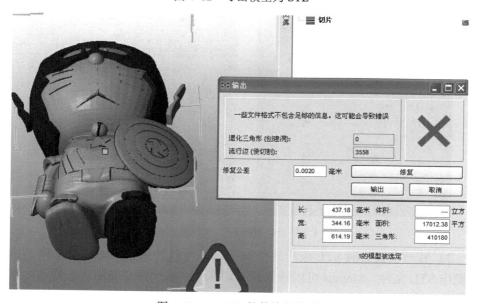

图 4-13　netfabb 软件修复界面

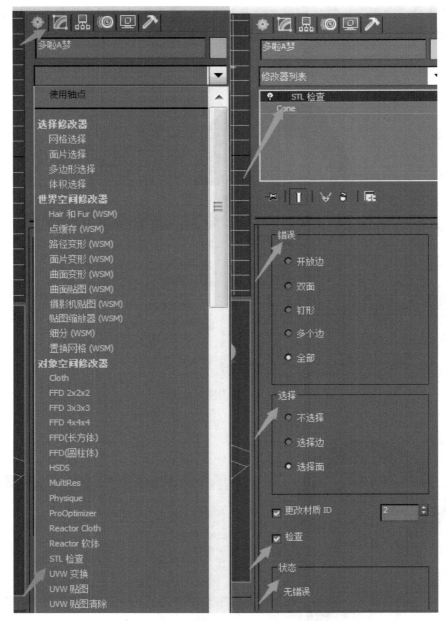

图 4-14　3ds Max STL 文件检查功能

3）另一个强大的 STL 应用软件 Magics，可以按照想象的效果来精确修复和操作 STL 文件。Magics 可以修复漏孔和坏边，联合两个布尔型的固体，倒置三角形的法线，创建壳结构或其他特点的固体。

4.3　3D 打印机软件设置

我们已经有了合格的三维数据文件 STL，这些数据格式的文件要经过打印机的上位机（也叫转码软件，或者切片软件），经过设置后生成 GCode 代码，指导打印机一层层地打印。因此，软件决定了模型的打印位置、打印方式、打印速度、精度和支撑等细节。

每款 3D 打印机都有自己的上位机软件，很多公司以 Cura（Ultimaker 公司开源设计）为蓝本开发自己的切片软件，因此 Cura 软件非常有代表性，它使用方便、简洁，可设定模型的打印层高、速度、填充密度、支撑等细节，还有模型打印位置摆放、旋转、尺寸调整等功能。

4.3.1　Cura 切片软件详解

1）以优锐开发的切片软件为例（注：不同版本之间功能相似，稍有区别），安装后进入 Cura 开始界面，进行机器选择，单击"Next"（下一步），如图 4-15 所示。

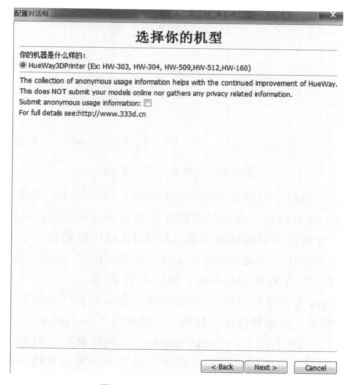

图 4-15　Cura 软件开始界面

2）在不同的机器类型里，可以选择特定的机器型号进行打印。如果想要自己设定更多的项目，选择"定制…"设定，单击"Next"，如图 4-16 所示。

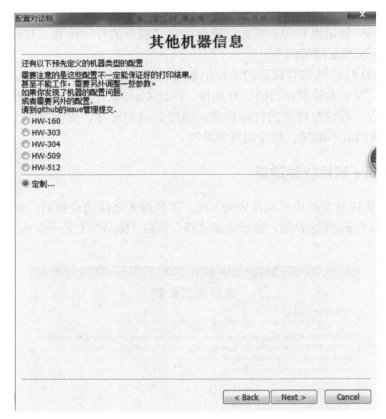

图 4-16　设定自己的机器类型

3）在弹出的窗口中可以设定打印机的名称、打印尺寸、喷嘴大小、是否使用热床等选项。此处注意，有些机器的打印初始中心有差异，这些机器打印时用 Cura 切片，会发现模型偏移的现象。框架 3D 打印机初始中心在打印平台左前方或右后方，不勾选"Bed centre is 0,0,0（RoStock）"选项，而三角洲 3D 打印机初始中心在打印平台的圆心中间，如图 4-17 所示。

4）进入 Cura 主界面后，如图 4-18 所示。默认选择"快速设定"模式以及最简洁的打印模型，再选择打印"材料"，模式有"Fast print"（快速打印）、"Normal print"（正常打印）、"High quality"（高质量）、"Ulti quality"（超高质量）可以选择。下面的"添加并打印支撑"选项是为有悬空部分的模型快速添加支撑。最后的选项是选择和平台的接触面积。上面的选项选择后就可以快速生成 GCode 文件进行打印。如果进行详细的调整，必须在顶部菜单栏"专业设置"下选择"切换到完整配置模式…"。

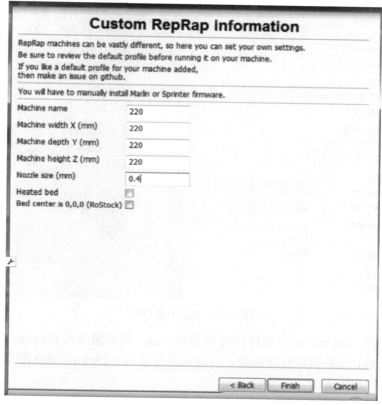

图 4-17 机器初始位置设定

5）切换到完整配置模式的界面后，左侧是基本参数设置界面，鼠标放到数值栏会有信息自动提示。基本界面的功能设置对模型质量影响较大，应用较多，将在"4.3.2 切片软件中参数设置对模型精度的影响"详细介绍。

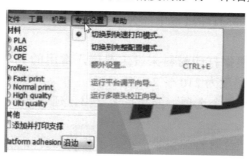

图 4-18 快速设定菜单

依次了解"基本"选项卡的各个功能设置，如图 4-19 所示。

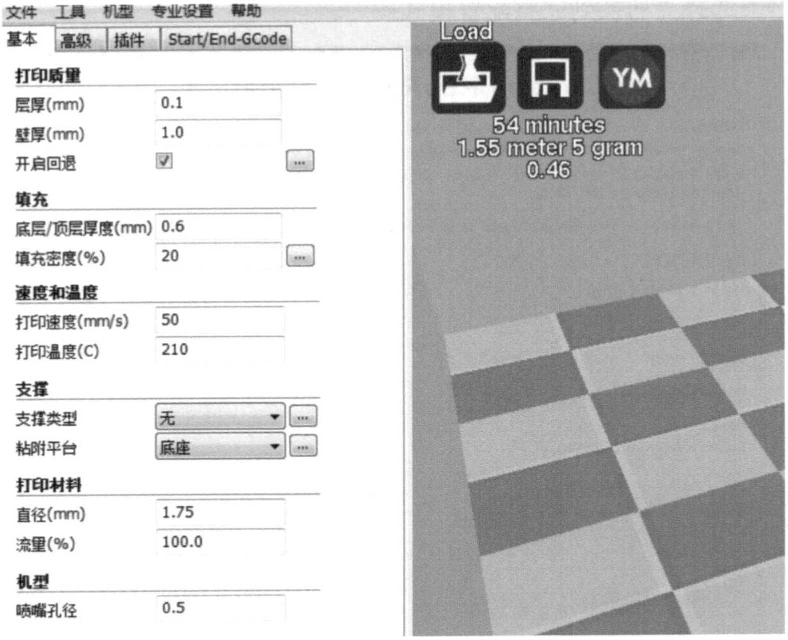

图 4-19　基本界面设置

①层厚（层高）：一般打印设置为 0.2mm，高质量使用 0.1mm，高速低质量用 0.3mm。根据实际打印经验，层高可以设置为 0.25mm，既照顾了打印时间又保证了打印精度。

②壁厚（外壳厚度）：打印壁厚即水平方向的边缘厚度。

③开启回退（回抽）：打印头在两点间移动进行非打印工作时，防止挤出过多材料，造成拉丝。

④底层 / 顶层厚度：和壁厚相似，一般为喷头的整数倍。

⑤填充密度：模型里面填充物质的比例，空心为 0，实心为 100%。

⑥打印速度：实际打印过程中，大多设置成基准打印速度的 30% ～ 80%，不能超过 150%。

⑦打印温度：根据打印材料来设定温度，常用的 PLA 打印温度为 190 ～ 210℃，ABS 的打印温度为 210 ～ 240℃。

⑧支撑类型：有三个选项，分别是无支撑、延伸到平台（外部支撑）和所有悬空（完全支撑）。

⑨粘附平台（平台附着类型）：决定了模型与打印平台的接触面积，三个选项分别是：没有底层；沿边（裙边），在打印物体周围增加一个底层，增大

和底板接触面积，防止翘边；底座，在打印物体增加一个厚的底层同时又增加一个薄的上层，打印后容易剥离。

⑩ 直径：常用的材料直径为 1.75mm。

⑪ 流量：流量补偿，设定的挤出量乘以这个值就是最后的挤出量。

6）在"高级"选项卡和顶部菜单栏的"专业设置"—"额外设置"中有一些可以调节的功能，称为专家模式。专家模式为专业操作者而开发，可以对模型的一些细节进行调节，比如"回退"功能的一些参数调整、打印速度的调节、风扇冷却的设置等，软件都有相应提示，在实际的打印过程中，我们可以微调操作，观察不同打印效果积累经验，如图 4-20 所示。

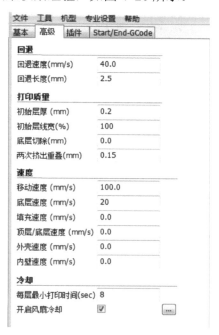

图 4-20　高级功能设置

7）转向右边的模型状态调整窗口，以设计完成的指尖陀螺为例：

① 利用顶部"文件"菜单中的"读取模型文件"功能，用鼠标将模型 STL 文件拖入右侧显示区域或者单击窗口左上方的"Load"按钮载入文件，"Load"按钮旁边可以看到一个进度条。当进度条达到 100% 时，就会显示出打印时间、所用打印材料长度和重量，如图 4-21 所示。

② 在 3D 观察界面上，单击模型并按住鼠标左键，可以沿着平台将模型前后左右移动；按住右键拖拽，可以实现观察视点的旋转；使用鼠标滚轮，可以实现观察视点的缩放。这些动作不改变模型本身大小，只是观察角度发生变化。

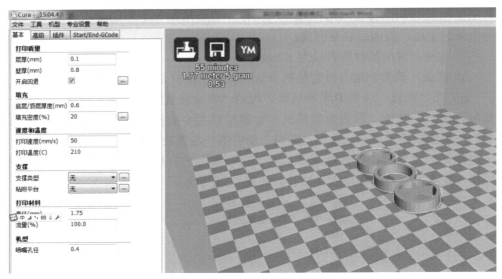

图 4-21　载入模型

③ 调节摆放位置：单击模型，模型被突出显示，再单击左下角的"Rotate"（旋转）按钮，可以看到模型周围出现红、黄、绿三个圈，分别拖拽三个圈可以沿 X 轴、Y 轴、Z 轴三个不同方向来旋转摆放模型；如图 4-22 所示，"Rotate"上面的按钮"Reset"可实现复位功能，使用者可以重新调整。最上面的"Lay flat"功能为放平打印模型，可以计算出最适合打印的角度，将模型水平放置在打印平台上。

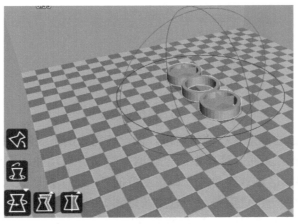

图 4-22　旋转功能

④ 调节尺寸："Rotate"右边的选项为尺寸调节，如图 4-23 所示。可以拉动指尖陀螺身上的三个小方块对其进行缩放，也可以输入数值来精确打印模型尺寸，单击按钮，在弹出的"Scale"（比例）窗口中输入 0.1，长、宽、高就分

别变为原来的十分之一；"Size"（尺寸）输入数值，模型的尺寸就会按照实际输入的数值变化。要注意，"Uniform scale"旁边有个锁形图标，开锁后，可以单独调节模型的长、宽、高；上锁后，意味着长、宽、高按比例一起变化。

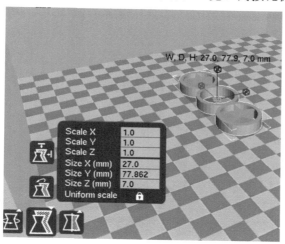

图 4-23　调节尺寸功能

缩放功能用途在于，可以缩放打印任意大小的模型，如果大的模型打印时间过长，用料过多，可以采用缩小的办法来减少打印时间和用料。

上述功能体现模型在 3D 打印机上实际打印的位置和尺寸大小。在实际打印中，有些形状特殊的模型可以配合旋转、移动等功能来改变接触打印平台的位置，以获得最佳打印效果。

⑤镜像调节：尺寸调节功能旁边是镜像（mirror）功能，模型可以在 X 轴、Y 轴、Z 轴三个不同方向进行镜像，如图 4-24 所示。

图 4-24　镜像功能

⑥ 不同显示模式：在模型显示区域的右上角，分别有 Normal（普通）、Overhang（悬垂）、Transparent（透明）、X-Ray（X 光）、Layers（层显示）五种不同的显示模式，如图 4-25 所示。

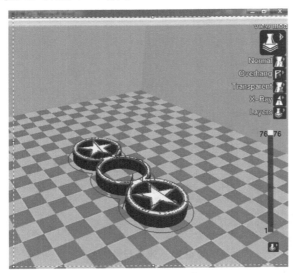

图 4-25　不同显示模式

悬垂模式：3D 模型悬垂出来的部分，都会用红色表示。这样，可以观察出 3D 打印模型中出问题的部分。

透明模式：不仅可以观察到模型的正面，而且还能同时观察到模型的反面，以及内部的构造。

X 光模式：也用来观察内部的构造，显示更加清晰，便于观察。

层显示模式：模拟打印过程中的分层情况，左边窗口参数设置后，可以采取此模式预览实际打印中的模型分层状态。

设定模型的状态和打印参数以后，用 Cura 完成切片生成 GCode 文件。单击"Load"按钮旁边的磁盘图标，或单击"文件"菜单中的"Save GCode"，确定保存路径，将 GCode 保存。尽量不要直接连接计算机打印，最方便的方式是将 GCode 文件保存到 SD 卡中，插入 3D 打印机的 SD 卡槽进行脱机打印。

4.3.2　切片软件中参数设置对模型精度的影响

在切片软件的介绍中，初步了解主要功能的设定。下面根据使用者的习惯进行打印模型参数控制经验的总结。

（1）打印壁厚　打印壁厚为打印件外壳的厚度，决定了模型的强度。壁厚越大，打印时间越长，成型质量就越好，也耗费更多的材料。打印壁厚过小会直接影响打印件的质量，且容易裂开。壁厚通常设置成 2mm 或者 3mm，打印要求强度的结构件大多使用 3mm。最好设置成喷头的整数倍。

（2）底部和顶部的厚度　　底部和顶部的厚度决定了模型底部和最后收尾的质量，如果模型顶部封闭有孔洞，可以在这个选项进行修改。数值接近壁厚，强度比较均匀。

（3）打印层高　　打印层高越小，打印件越精细，打印时间越长；相反，打印层高越大，打印件越粗糙，打印时间越短。设置打印层高时，需要参考所使用的挤出头喷嘴的直径。最大层高最好不要超过喷嘴的 80%，比如 0.4mm 喷嘴直径，打印层高最大为 0.32mm；而最小层高最好不低于喷嘴的 40%。最适合的打印层高为喷嘴直径的 60%，精细程度和打印时间能很好地平衡。

（4）打印速度　　打印速度是 3D 打印机的一项重要参数，决定了打印喷头的挤出速度，更决定了模型的打印时间长短。打印速度慢，时间长，模型质量好；反之，打印速度快，时间缩短，但模型精度变差，因为在高速打印时挤出头内部产生压力，或材料供应不足，使其打印不均匀，影响了打印质量。

切片软件专家模式里关于打印速度有很多选项，比如设置第一层的打印速度，这样会让第一层更好地和热床平台贴合。可以根据切片软件里预计打印时间的功能来安排打印任务，大多设置成 30% ～ 80% 的速度（3D 打印机在打印过程中可以调节旋钮或触摸屏来降低或提高打印速度）。

适当提高 3D 打印机的空移动速度，可以提高整体打印的速度。

应根据需求调整打印壁厚的速度、填充的速度、支撑材料的速度。其中，设置打印壁厚的速度不宜过高，否则会直接影响打印外观和打印质量，可适当提高填充速度。

（5）填充密度　　填充密度直接影响打印件的重量和强度：填充率高，打印时间长，模型强度高，精度好；反之，填充率低，打印时间缩短，但模型变脆，精度差。如果不需要强度很高，可以通过降低填充密度的方式来缩短打印时间和减小打印件的重量。高强度的打印件需要使用更高的密度打印。一般不选择 100% 和 10% 以下的填充，20% 左右的填充即可。

（6）填充方式　　填充方式不影响打印件的外观，只影响打印件的物理强度，有的打印机设置成网格和六边形的填充方式。网格方式更容易打印，打印速度更快。

（7）打印温度　　根据打印材料来设定温度，也决定了打印模型的质量和出丝顺利程度。温度过高，出料快，还未及时冷却就和下一层黏结，模型质量差；温度过低，出料困难，层与层之间会出现难看的断层，打印件强度差。

（8）打印模型的摆放位置　　设计打印件时一定要考虑打印件和热床的接触面，接触面太小不能很好地粘贴到热床，打印失败率高。打印件在每层结合的地方，结构强度最差，打印时一定要避免结构强度要求高的地方在每层的结合处，此时可以调整打印件的摆放位置，如图 4-26 和图 4-27 所示。

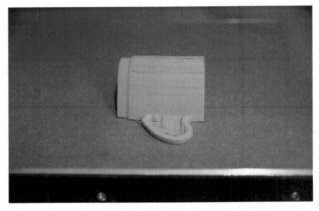

图 4-26　模型不同打印位置 1

图 4-27　模型不同打印位置 2

（9）合理添加支撑　　支撑大多在打印桥梁或者悬空结构时使用。桥梁或悬空相对较长，打印时如果没有支撑，打印丝会由于重力和温度产生变形，使得该部分弯曲，致使打印失败。最好自己设计支撑或连接物件（锥形物或其他的支撑材料），并将它们加到模型中。

切片软件里通过支撑类型的设定来决定怎么使用支撑材料。打印模型规则且没有悬空的部分，选择无支撑即可；如果模型文件外部有悬空的部分，必须选择外部支撑，否则模型无法层层堆积上来，模型打印会失败；选择完全支撑，所有产生空隙的地方，模型都会自动填补支撑，但是会产生浪费材料和打印时间过长的问题，更会使支撑难以去除和增加后期处理的难度，因为支撑材料和打印材料为同一材质，去除支撑时会留下很多痕迹，影响打印外观，如图 4-28 所示。

图 4-28　打印支撑

如果打印机有双喷头的打印设置，使用者可以选择使用主要喷头来打印主体，另一个喷头同时打印支撑。在实际打印中，可以用单喷头同时打印主体和支撑，也可以用一个喷头打印主体，另一个喷头打印水溶性支撑。打印后放入专用溶液中，水溶性支撑完全溶解，模型效果会非常好，省去了打磨抛光的过程，如图 4-29 所示。

图 4-29　模型水溶性支撑去除前后

（10）适宜的环境温度　较低的环境温度会使打印件加快收缩，最理想的方式是在封闭的机箱或者封闭房间内打印，温度保持在 20℃左右。

4.4　3D 打印机操作经验汇总

市场上此类 3D 打印机操作大同小异，基本分为打印平台调整、模型牢固黏结和防止翘边、打印材料导入和更换、打印模型精度控制、打印过程故障处理（参考附录 D）几个部分。

4.4.1 打印平台调整

常见的框架桌面级 FDM 3D 打印机，无论是个人组装机器还是批量生产的定型机器，基本上是通过打印平台（热床）的四个角来调节的。有些机器额外加入自调平装置和模块。

打印平台和打印喷嘴的距离越大，出丝越顺利，但容易使模型无法黏结到平台；打印平台和打印喷嘴的距离越小，出料变得困难，模型黏结更加紧密。四个角调整平整的打印平台，可以保证打印模型的第一层和平台黏结牢固，且不易翘边。调节四个角落的螺钉，可以看到打印平台上升或者下降。先粗略调节再细致调节，用一张名片或者 A4 纸来测试四个角落的打印平台和打印喷头之间的距离，以稍微有些阻碍又能够抽出为合适。可以尝试打印一个薄片，看打印的第一层是否均匀，以及四个边的厚度是否一致，如图 4-30 所示。

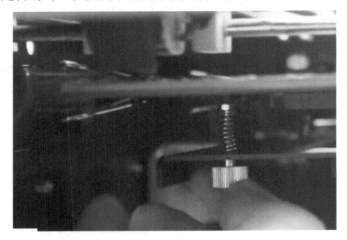

图 4-30　调节打印平台

4.4.2 模型牢固黏结和防止翘边

1. 模型牢固黏结

打印模型黏结牢固与否，取决于打印喷嘴和打印平台的距离、打印平台的清洁程度等因素，可以采取涂抹木工胶水等方法来增大黏结效果。下面列举了3D 打印爱好者常用的方法：

（1）聚酰亚胺胶带（金手指胶带）　3D 打印机经常在热床表面贴上一层聚酰亚胺胶带，此种胶带可以耐高温，可以打印 ABS 和 PLA。使用这种胶带时，打印件底面非常光滑，且打印件容易取下。取下打印件时，不会破坏打印件和胶带，可以连续使用，如图 4-31 所示。

图 4-31　平台表面贴上聚酰亚胺胶带

（2）美纹纸胶带　3D 打印机热床表面使用美纹纸也很常见。这种胶带可以耐高温，打印件可以很好地黏结，价格低廉，更换简单。但使用美纹纸胶带时，打印底面稍有粗糙。注意黏结时两块美纹纸胶带之间不要重叠太多，否则易造成刮擦喷头的现象，如图 4-32 所示。

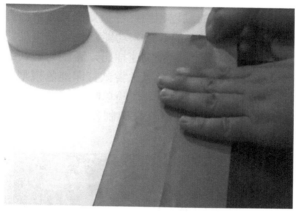

图 4-32　平台表面贴上美纹纸胶带

（3）使用发胶或手喷胶、手工白乳胶等胶水类　玻璃、铝板、薄铜板，可使用发胶来提高打印件的黏着力，打印 PLA 时甚至不需要加热。需要注意的是，选择发胶时一定要选择黏度大的。也有人用 Super77 等手喷胶。在使用手喷胶时，注意用报纸和纸张把丝杠盖住，防止喷到丝杠光轴上，模型取下时可以用除胶剂，五金装饰市场可以找到。

2. 防止翘边

1）四个角落的调平对防止起翘尤为重要。

2）尽量避免采用 ABS，采用 PLA 效果较好。

3）在切片软件设置里面选择合适的平台附着类型，加大模型与加热平台的接触面积，防止打印件翘边。

4）用各种黏结材料增加黏结效果。

4.4.3　3D 打印材料导入和更换

打印材料的导入也称为"送料"或者"送丝"，打印材料有不同直径，以 1.75mm 和 3mm 居多。材料导入或更换需要注意以下事项：

（1）确定材料　需要确定所用材料直径是否和机器对应，送丝前需要将丝的顶端削尖，这样方便送丝。

（2）3D 打印机预热　以 PLA 材料为例，打印头预热到 190℃，打印平台预热到 45 ～ 60℃。打印头达到打印材料的温度后，才可以送料，否则会造成堵头和送丝齿轮的损坏。液晶屏显示达到预定温度后，单击"Load"（进料或导入）按钮，打印材料随着齿轮的运行进入打印头，打印材料会像爆米花一样挤出，适当挤出一定长度后可以停止，一方面挤出原有的材料，避免混色；另一方面测试出丝的顺利程度，如果挤出不是很顺利，需要增加打印头的温度。

（3）材料的更换　与送丝的过程相同，也需要提前预热打印头。不同之处在于，很多机器有"Unload"（退料或卸载）功能，也可以手动将材料拔出。手动更换材料时，注意要向前送一下，然后快速抽出，否则材料在经过打印头之后，因温度下降，会堵塞在材料导管里。有愿意尝试打印混色模型的读者，可以在打印过程中间暂停打印，换上另一种颜色，体验单喷头打印不同颜色的模型。

（4）料架和料盘的调整　可以自己打印制作料架，使料盘运动更加流畅，防止卡丝，如图 4-33 所示。

图 4-33　自己打印制作的料架

长时间没有使用的线材容易缠绕，在打印过程中出现卡丝现象，致使辛苦打印了几个小时的打印件只完成一半。解决方法是将缠绕的线材打开，按一个方向重新整齐地卷回料盘。

4.4.4　组装匹配图形公差

如果打印的物体是需要进行组装的模型，例如螺丝和螺母、齿轮等，由于打印过程塑料的热胀冷缩以及底层打印产生膨大的边缘，所以需要把公差放大一点，一般公差设置为 0.4mm（和喷头相近似），具体根据实际图形进行设置。

4.5　FDM 3D 打印机操作实例

本节以优锐桌面型 FDM 3D 打印机为例讲解整个 3D 打印机操作流程。

4.5.1　安装料架和导料管

将打印机水平放置在稳定的桌面上，将送料架安装于机器的料架孔上，装上料盘，将耗材从送料管底部送进去，另一端插入送丝机上的导料孔，同时按压下压簧，将耗材送到打印头，如图 4-34 所示（有些机器是远端送丝机构，送丝机没有和打印头在一起）。

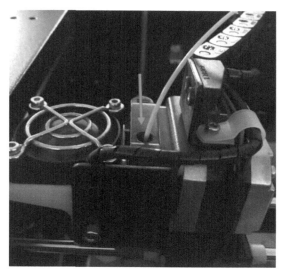

图 4-34　送料到打印头

4.5.2　了解显示屏主界面

显示屏主界面有三个主要菜单，分别是"系统"、"工具"和"打印"菜单，如图 4-35 所示。

图 4-35　显示屏主界面

（1）系统菜单　分别有机器状态、机器信息、出厂设置、中文、WiFi 和返回按钮，如图 4-36 所示。

图 4-36　系统菜单

（2）工具菜单　具有手动、预热、风扇、调平、更换耗材、紧急停止、更多和返回按钮，如图 4-37 所示。

图 4-37　工具菜单

1）手动。在触摸屏上可单独控制 X、Y、Z 轴的移动，选择"手动"进入控制移动界面，可单击相应的按钮进行移动，如图 4-38 所示。

在最下方可以选择移动的距离，一般选 1mm，防止打印头移动过快碰撞平台。

2）预热。单击"预热"功能将打印平台和打印头预热到设定的温度；可以进行进料、退料操作；可以检查打印头材料是否顺利流出。

3）风扇。FDM 3D 打印机通常有两到三个风扇，本机一个是挤出机上的冷却风扇，另一个是主板上的冷却风扇，使用者可以控制风扇的转速，100% 是风扇全开，如图 4-39 所示。

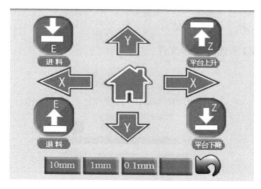

图 4-38　手动功能

图 4-39　风扇设置

4）调平。单击"调平"功能按钮，按照屏幕指示，喷头移到每一个定位点，可以对打印平台四个角进行调平，如图 4-40 所示。

5）更换耗材。和预热功能相似，单击中间的按钮，打印头开始加温，直至达到预设温度，然后单击中间的加热挤出头来控制打印材料的前进或后退，就可以更换耗材，如图 4-41 所示。

请在挤出头停止后，调整平台
与挤出头距离。

图 4-40　调平功能

图 4-41　喷头预热

（3）打印菜单

1）选择文件并打印。进入显示 SD 卡文件内容界面，选择要打印的文件（*.gcode），从触摸屏上单击"开始"，机器会先加热平台，平台加热到目标值后喷嘴再进行加热，当喷嘴温度达到设定温度后机器开始自动打印，如图 4-42 所示。

2）暂停、恢复和停止打印。打印过程可以暂停、恢复和停止，单击图 4-43 中的"暂停"按钮暂停打印，单击图中的"继续"按钮恢复打印。

图 4-42　SD 卡选择打印文件

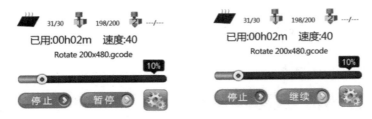

图 4-43　打印任务暂停和继续

3）断点续打。打印过程中要中止打印，单击"停止"，系统会提示是否保存状态，以便下次从断点打印，保存单击"是"，不保存单击"否"，单击"取消"放弃这次操作。如果单击"是"，机器会保存当前状态，下次打开此文件再次打印时，系统会提示"上次打印中断，是否从断点开始打印？"如要继续在原来基础上接着打印，单击"是"；如要重新打印，单击"否"，如图 4-44 所示。

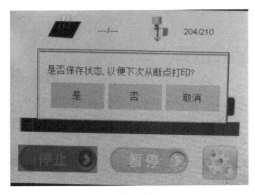

图 4-44　断点续打功能

4）打印速度和温度的调节。打印过程中，如果调节温度和速度，可以分别单击屏幕上的"速度设置"、"热床"或"挤出"选项的图标，可进入速度、热床、挤出头温度的更改界面，如图 4-45 所示。

接着可以修改速度设置、热床或挤出头温度设置里的数字，删除原来的数字后，重新输入速度或温度值，再单击返回键返回，如图 4-46 所示。

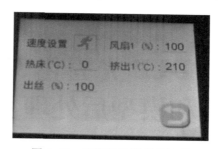

图 4-45 速度和温度调节选项

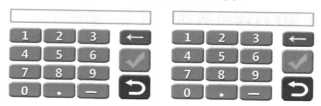

修改打印速度   修改喷嘴温度

图 4-46 速度和温度数值改变

4.5.3 十步骤进行 3D 打印

为便于记忆，我们将 FDM 3D 打印简略为十步：

1）通过 3ds Max 建立"指尖陀螺"数据模型文件。

2）通过软件的导出文件功能，导出"TUOLUO.STL"格式。

3）通过软件检查文件可能存在的错误并修复文件错误。

4）利用切片（转码）软件，设定打印模型质量，调节打印位置和支撑等细节。导出为"TUOLUO.gcode"格式，并存入 SD 卡，插入机器 SD 卡槽。

5）使用夹子（或者扭力弹簧）把玻璃板固定在打印平台上面，玻璃板贴有胶布的一面朝上，清洁打印平台，粘贴美纹纸或涂抹固体胶。

6）利用菜单里的调平功能将打印平台调平。

7）利用菜单里的预热功能将打印头和打印平台预热，导入打印材料，挤出上次打印残料。

8）利用菜单里的打印功能选择"TUOLUO.gcode"文件，打印平台和打印头升温后开始打印。

9）观察打印头挤出是否顺利、第一层黏结是否正常，调节打印速度和打印头温度，等待打印完成。

10）打印结束，等待模型稍微冷却，从平台取下模型，进入打磨、上色、后期修整阶段。

第 5 章　DLP 光固化 3D 打印机操作和模型后处理实例

5.1　光固化 3D 打印机基础知识

5.1.1　光固化技术发展历程

光固化技术可以追溯到 1977 年，当时没有实现商业化。在 1983 年，Charles Hull 发明光固化成型技术，并在 1986 年申请专利。同年，Charles Hull 在加利福尼亚州成立 3D Systems 公司，致力于将光固化技术商业化。1988 年，3D Systems 推出第一台商业设备 SLA-250，光固化快速成型技术在世界范围内得到了迅速而广泛的应用。SLA-250 的面世成为 3D 打印技术发展史上的一个里程碑事件，其设计思想和风格影响了后续的 3D 打印设备。

5.1.2　光固化 3D 打印机技术分类

1.　按投影方式分

光固化 3D 打印机按投影方式分为上投影和下投影，顾名思义，它们的光源位置不同，各有优缺点。

上投影：光源在上面，光直接照射在成型件的最上层，不需要成型件和料槽分离，省事。但是树脂流动性要求较高，如果树脂流不平，液体表面张力会影响打印件的质量，一般需要加一个刮刀结构，刮平树脂的液体平面。成型尺寸较大的光固化 3D 打印机一般采用这种形式。

下投影：光源在下面，每次换层时成型件和料槽分离，需要在料槽底部加一个离型膜，防止模型粘在料槽底部。大尺寸一般不采用下投影式，否则成型件和料槽很难分离。每次打印时，所需要的树脂只需要略多于最终固化的树脂，大大减少了树脂的损耗，这样的工作原理广泛用在桌面级设备上，尤其齿科行业的 3D 打印设备。

2.　按光源的解决方案分

光固化成型技术按光源的解决方案一般可分为 DLP、SLA、CLIP 和 LCD，其中应用较为普遍的是 DLP，在第 1 章中曾有介绍。DLP 一开始是指一种投影机的技术，因此采用了这种技术的光固化 3D 打印机也叫 DLP，DLP 就是 Digital Light Processing 的缩写。本书以迅实科技的 MoonRay DLP 3D 打印机为例。

SLA 技术利用紫外激光（波长为 355nm 或 405nm）为光源，DLP 技术利用波长为 405nm 的光源，选择性地将面光源投射到液态树脂使之固化。DLP 光固化成型和 SLA 光固化成型相比，一次可以成型一个面，成型速度快，配合分辨率高的投影机和成型质量好的光敏树脂，打印模型零件的精度将会非常高。

CLIP 技术同样来自 DLP 技术，但比 DLP 速度快 100 倍。CLIP 和 LCD 打印技术均采用 LCD 作为光源。LCD 技术从 2013 年研制，最早的创客用普通计算机 LCD 显示器去掉背光板，加上 405nm 波长的 LED 灯珠作为背光，来固化光敏树脂（UV 树脂）。

3. 按可见光固化和紫外光固化分

紫外光固化就是上文中提到的光固化技术 DLP、SLA、CLIP 和 LCD。可见光固化即使用普通光 [可见光（Visible Light Cure，VLC），波长为 405 ～ 600nm]，使树脂固化实现打印。简单来说，就是光源再一次升级，比如用普通的 LCD 显示面板，不加任何改装或改背光，直接作为光源。而且可见光固化不仅仅局限于 LCD 屏幕，可以扩展到任何显示器（等离子、CRT、背投、LED 阵列、OLED）甚至手机和任何投影（DLP、3LCD、Simple LCD、LCoS）以及其他任何显示技术（激光扫描成像、光纤阵列等）。

众筹网 Kickstarter 智能硬件里有利用手机来固化的项目——OLO，是第一个使用手机屏幕实现光固化的消费级打印机，OLO 让普通智能手机的大屏幕都能成为打印机的光源。由于手机已经具备了主板硬件和打印软件，光固化打印机的其他硬件部分只要 Z 轴平台、树脂槽和遮光罩即可。

5.1.3　DLP 3D 打印机成型原理

DLP 成型技术首先利用切片软件把模型切成薄片，投影机按每个薄片播放幻灯片，3D 打印机会根据薄片的图像调制曝光灯发出的光束，使在投影屏上的某些区域有光线照到。被光线照到的地方，树脂层很薄的区域产生光聚合反应固化；另外的区域没有光线照到，树脂不会固化。这样在完成一层的固化之后，形成零件的一个薄层，Z 轴控制打印平台升起一段距离，使模型与下面的液池底部剥离，避免两者粘在一起，然后成型平台会下降一段距离，下降的距离正好使下一个切片层可以被光照固化。投影机继续播放下一张幻灯片，继续加工下一层，如此循环，直至固化完成所有切片层，打印结束，如图 5-1 所示。

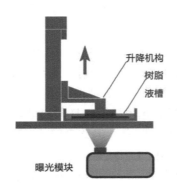

图 5-1　DLP 3D 打印机成型原理

5.1.4　DLP 光固化 3D 打印机结构

DLP 光固化 3D 打印机的机械结构和 FDM 3D 打印机相比较为简单，共有三个模块：

1）固化模块——包括固化用的光源和固化的光敏树脂。

2）分离模块——包括 Z 轴提拉装置，比较复杂的光固化打印机会多一个料槽剥离设置，作用是使成型平台更容易脱离料槽。

3）控制模块——包括电路、固件和软件。

5.1.5　光固化 3D 打印机材料——光敏树脂

与光固化 3D 打印机的光源配套使用的是光敏树脂（见图 5-2）。光敏树脂材料有许多不同的类别，根据配方或者制作方式的不同呈现出不同的性能，适合不同的领域。

图 5-2　光敏树脂材料

1）目前用于光固化 3D 打印的树脂材料主要为丙烯酸酯系或环氧树脂系材料，使用该类树脂材料打印的成型件存在机械强度差、耐高温性差、易吸湿膨胀及化学稳定性不佳等缺点，大多只能在 30℃ 以下环境中使用，其应用主要局限在模型、样件、设计验证及艺术产品制作，而难以突破零部件直接制造的瓶颈。因此，发展高性能 3D 打印材料，从而满足在汽车、航空航天、电子等综合性能要求较高领域进行实际应用，已成为国内外 3D 打印领域面临的重要挑战和研究重点之一。

比如 ECN 与 InnoTech 公司以及 Formatec Ceramics 合作，将 DLP 技术用于陶瓷材料的 3D 打印。解决办法是将陶瓷材料与光敏聚合物层混合，并逐层通过光照射固化，然后使用高温将光敏聚合物烤出来，再经过烧结形成陶瓷产品。

2）光敏树脂对成型件的精度影响非常大，质量好的树脂和质量稍差的树脂用同一台打印机打出来的成型件有非常大的差别，这也是光敏树脂价格参差不齐的原因。目前市场上价格状况是，进口的光敏树脂每千克可达到一两千元，国产的光敏树脂材料每千克几百元。

光敏树脂流动性好的固化速度慢，流动性差的固化速度快，使用者可以根据需求来进行选择。另外一个重要的因素是收缩率，光敏树脂的收缩率越小越好。

光敏树脂材料长期不使用容易导致硬化，并且该材料具备一定的刺激性，在不使用时需要对其进行避光密封保存。

5.1.6　光固化 3D 打印机主要应用

光固化原理的 3D 打印机是市场上几种主流的 3D 打印技术之一，其特点是打印产品高精度、高品质以及较高的打印速度，在制造形状特别复杂（镂空结构）和特别精细（工艺品、首饰等）的零部件方面有优势。DLP 3D 打印机被应用于对精度和表面质量要求高但对成本相对不敏感的领域，如珠宝首饰、牙科医疗、文化创意、航空航天、高端制造。

1. DLP 3D 打印技术应用于珠宝首饰行业

在制造首饰的传统工艺中，首饰工匠参照设计图纸手工雕刻（或 CNC 加工）出蜡模，再利用失蜡浇铸的方法熔铸出金属模，利用金属模压制胶模并批量生产蜡模，使用蜡模进行浇铸，得到首饰的毛坯，打磨精加工得到成品。制作高质量的金属模是首饰制作工艺中最为关键的工序，而传统方式雕刻蜡模制作金属模将完全依赖工匠的水平，修改设计较为烦琐，如图 5-3 所示。

手工蜡模雕刻 (CNC加工) ➡ 熔炼铸造出金属样件 ➡
硅胶压模 ➡ 注蜡出模 ➡ 种蜡树 ➡ 石膏覆模 ➡
熔炼铸造出珠宝毛坯 ➡ 精加工出成品

图 5-3　传统首饰加工流程

珠宝首饰行业制造主要集中于我国的广州番禺与深圳水贝地区，使用的蜡模制造技术大多数都是使用喷蜡方式，而通过 DLP 技术可以实现珠宝首饰的快速成型，采用 3D 打印技术替代传统工艺制作蜡模的工序，将完全改变传统单一的现状，使设计及生产变得更为高效便捷，如图 5-4 所示。

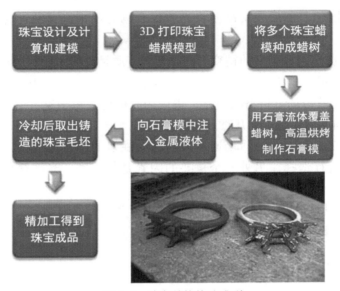

图 5-4　珠宝首饰快速成型

近年来中空电铸技术得到发展，不制作石膏模，只对蜡模表面进行敏化处理，使蜡模表面导电，然后在特制的液体中进行电镀，完成后熔去蜡模，成为中空饰品。

2. DLP 3D 打印技术应用于医疗齿科

目前口腔修复体的设计与制作在临床上仍以手工为主，设计效率低。而通过三维扫描、CAD/CAM 设计，牙科实验室可以准确、快速、高效地设计牙冠、牙桥、石膏模型和种植导板、矫正器等，将设计的数据通过 3D 打印技术直接制造出可铸造树脂模型，实现整个过程的数字化。3D 打印技术在齿科的应用，进一步简化了制造环节的工序，大大缩短了口腔修复的周期，如图 5-5 所示。

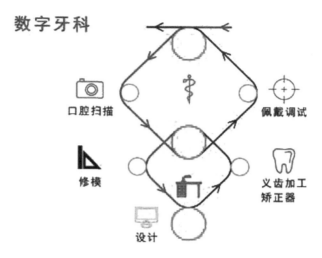

图 5-5　数字牙科流程图

　　例如，3D 打印的牙模包埋后被灼烧干净，在包埋料中留下完整的空腔；该空腔后续会注入熔化的钴铬 / 镍铬合金，冷却后会通过喷砂、切割、打磨等过程将金属表面的氧化物等去除掉，露出金属原有的光泽；最后通过上瓷、上釉等做出烤瓷牙成品。

　　另一种普遍的产品是利用牙科专用树脂来打印母模，用来制作正畸矫正器。这种树脂邵氏硬度基本在 85HD 以上，弯曲强度在 70MPa 以上，同时可以耐受一定程度的高温，可以很好地使模型在高温条件下保持原有的形状。首先打印牙齿模型，然后切割膜片，使膜片可以被稳定地固定在压膜机上；加热膜片使其软化；充气热压，将软化的膜片覆盖在牙齿模型上，在膜片上方的空腔内进行充气，使膜片与牙齿模型贴合；冷却后修剪，在膜片冷却后将多余的部分剪掉即可。

　　DLP 技术更多的应用可以与其他 3D 打印技术通用，比如新产品的初始样板快速成型、精细零件样板。随着光敏树脂复合材料，比如类 ABS、耐热树脂、陶瓷树脂等新材料的开发，越来越多的应用将会被引入 DLP 3D 打印技术中。

5.2　DLP 光固化 3D 打印机操作

　　下面以迅实科技 MoonRay DLP 光固化 3D 打印机（简称 MoonRay 3D 打印机）为例，了解 DLP 光固化 3D 打印机的基本操作和打印流程。MoonRay 3D 打印机外形和配件如图 5-6 所示。

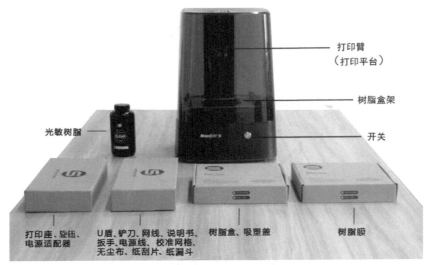

图 5-6　MoonRay 3D 打印机外形和配件

5.2.1　DLP 光固化 3D 打印机通信连接

打开软件，插入 U 盾，计算机可通过以下方式连接 3D 打印机：无线网络打印、以太网打印和直接打印。单击屏幕左下角的 WiFi 图标打开"管理打印机"窗口，接着单击"+"添加新打印机。

1. 通过无线网络打印

单击左侧的"无线"，弹出窗口，按照提示步骤完成设置，然后单击"下一步"，如图 5-7 所示。

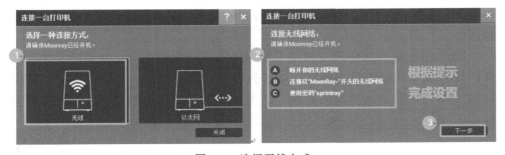

图 5-7　选择无线方式

弹出寻找打印机窗口，完成连接后，继续单击"下一步"，如图 5-8 所示。

连接网络（此设置使计算机和打印机连到同一个 WiFi，确保计算机可以继续访问互联网），选择 WiFi 网络名称并输入密码，并在出现提示时计算机连接新的 WiFi，最后单击"下一步"完成设置，如图 5-9 所示。

图 5-8　找到打印机

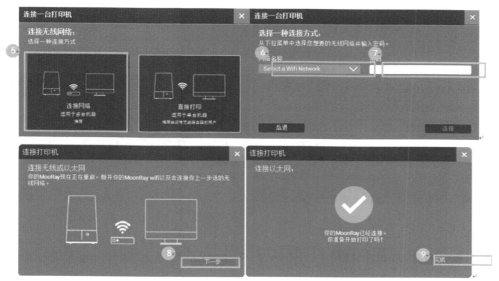

图 5-9　连接无线网络

2. 直接打印

从计算机上找到 3D 打印机提供的 WiFi 信号，打印机与计算机直接连接，但计算机不能继续访问互联网，适合在没有无线网的场景使用，如图 5-10 所示。

图 5-10　直接连接打印机

3. 通过以太网打印

选择"使用以太网打印"选项，将网线从 3D 打印机背面连接到路由器（或调制解调器、网络交换机或网络集线器）上的 LAN 端口（请勿将网线直接与计算机连接），如图 5-11 所示。

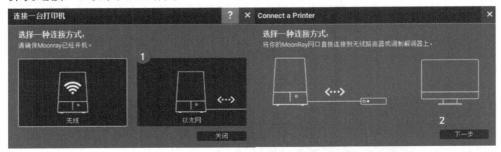

图 5-11　以太网连接

5.2.2　DLP 光固化 3D 打印机切片软件介绍

1. 安装运行软件

双击 MoonRay 3D 打印机切片软件安装文件，安装后，鼠标左键双击图标⑤即可运行，软件最大化界面如图 5-12 所示。

2. 选择打印机精度

MoonRay 打印精度（XY 分辨率）有 100μm、75μm、50μm 三种，分别对应三种机器型号 S100、D75、J50，若选择 100μm，需单击顶部"S100"按钮，如图 5-13 所示。

3. 添加模型

切片软件支持 STL 文件格式的读取和打印，单击左上角"文件"菜单中的"添加模型"，或者单击下面的"+"按钮添加模型。选择桌面上的"TUOLUO.STL"文件，设计好的陀螺文件被加载到软件中，选中时它是蓝色的，未选中时它是灰色的，如图 5-14 ～图 5-16 所示。

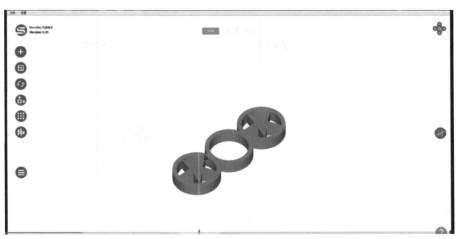

图 5-12　切片软件界面

图 5-13　选择精度

图 5-14　添加模型

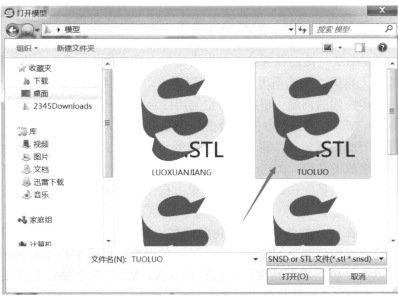

图 5-15　选择模型

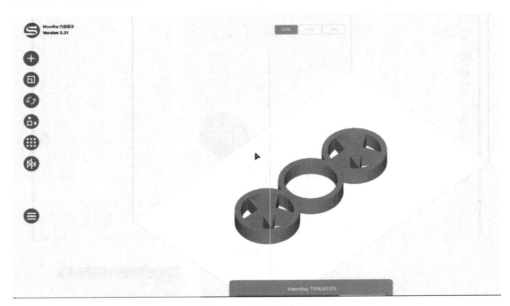

图 5-16　模型被加载

4. 模型处理

不同切片软件中模型调整方法相似，MoonRay 软件有五种基本操作，包括模型缩放，模型在切片软件平台上的角度调整（旋转）、移动、复制以及打印支撑的设置。模型在切片软件中的形态设置直接影响着实际打印中模型的尺寸大小、角度和支撑。只有模型被选中时（呈现蓝色），模型才允许被调整。

（1）模型缩放　滚动鼠标滚轮可以实现平台的缩放，并不改变模型的大小。软件界面左上角第二个选项用来调节模型大小。模型缩放功能可用来解决模型大小超过打印空间的问题（超过打印空间用红色提示），或者打印特定的尺寸。尺寸栏里 X、Y、Z 轴三个方向的数值是模型打印的真实数值，决定了打印的尺寸。再看下面的缩放栏，将模型放大或缩小到原来大小的一个百分比，在输入框里输入缩放的数值，在三个轴向上得到相同比例的缩放，如图 5-17 所示。如果将锁形的缩放锁定按钮打开，仅在单方向变化，未打开则是三个方向等比例缩放。

（2）模型在切片软件平台上的角度调整（旋转）　在平台上旋转模型，调整模型到最合适的角度进行打印工作，适当的调整可以减少打印时间，减少支撑，也可以保证模型表面精度。可以直接在 X、Y、Z 三个轴向上直接输入旋转的角度，也可以选择将模型底面置于不同的方向，如图 5-18 所示，将模型旋转后立在打印平台上面。

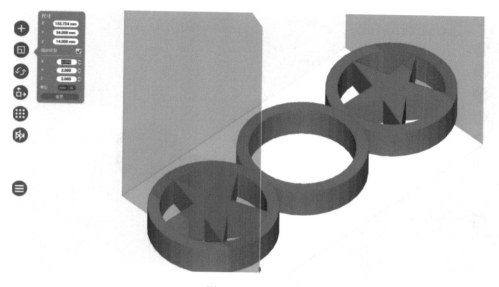

图 5-17　缩放功能

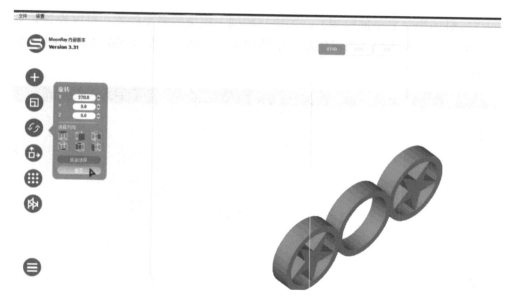

图 5-18　旋转模型

（3）模型在切片软件平台上的移动　按住鼠标左键并拖动鼠标可以实现模型在 XY 平面上的移动，也可以单击左上角第四个图标，输入位置数值，对模型进行移动。一般在操作的时候，将模型移动到平台中心，如图 5-19 所示。

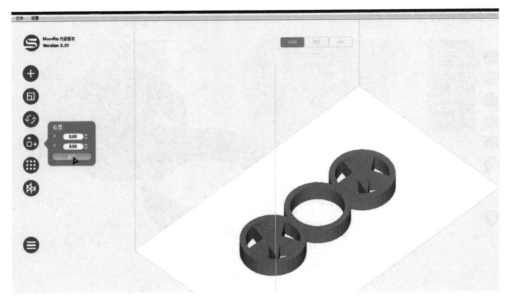

图 5-19　移动模型

（4）复制模型　　单击左上角第五个图标可以加载多个模型。在设备打印空间内（打印平台显示的范围），如果打印同一模型的多个副本，可以设置数量并复制，生成副本后，也可删除选中的副本或一键移除复制的副本，如图 5-20所示。

图 5-20　复制模型

5. 支撑设置

添加适当的支撑结构可以防止打印失败。如果自己创建支撑结构，必须在其他建模软件中创建支撑，例如 Magics 软件。

（1）支撑打印原则　模型具有负角度的突出特征需要支撑；正角度大于 45°的突出特征通常需要支撑；以 100μm 分辨率设置进行打印始终需要支撑。

（2）自动添加支撑　软件本身使用智能支撑生成算法为模型添加最少的支撑，既可以在打印时节省材料，又可以自动生成支撑并轻松删除支撑。单击此图标来控制模型支撑结构的参数，弹出窗口有几个主要选项，分别是支撑密度、接触点大小、支撑高度、上接触大小、支撑间距、基座高度，一般我们选择为默认数值，或经多次实验取得最佳效果，如图 5-21 所示。

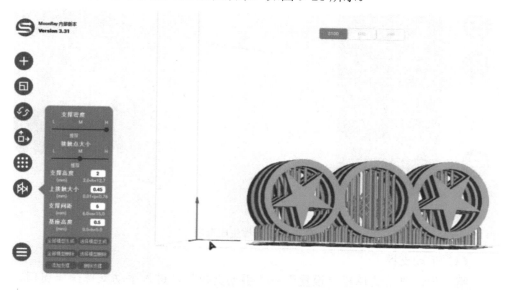

图 5-21　添加支撑参数窗口

支撑密度：单位面积上支撑的数量，有"L（低）、M（中）、H（高）"三个选择，将其设置为低，以减少支撑。为防止打印失败，可以适当将其调高。

接触点大小：支撑和模型接触点的数值大小，接触点越大，支撑越牢固，但难以去除。

支撑高度：设定生成支撑的高度。

上接触大小：同接触点大小。

支撑间距：支撑之间的距离，影响支撑密度，距离越大，支撑越稀疏。

基座高度：为加大模型第一层和打印平台的附着，设定一个像地基一样的基座,可以输入数值设定基座的高度。

设置这些参数之后,如果同时打印带支撑的多个模型,可以直接单击"全部模型生成"按钮;单击"全部模型删除"按钮可以取消生成的支撑;单击"选择模型生成",指定的模型生成支撑,反之,单击"选择模型删除",指定的模型支撑被删除;单击"添加支撑",在特定的位置单独加上支撑,反之,单击"删除支撑",特定位置支撑被删除,如图 5-22 所示。

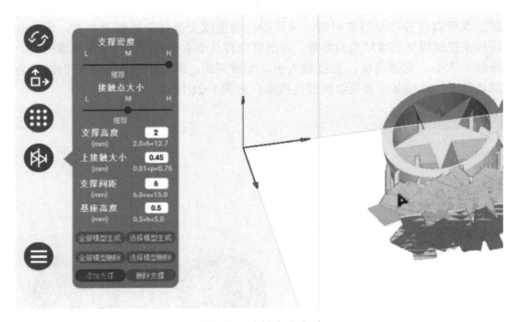

图 5-22　支撑生成选项

(3)手动支撑

第一步,单击菜单栏"设置"→"手动支撑",进入手动支撑操作窗口,如图 5-23 所示。

图 5-23　手动支撑

第二步,单击"导入",添加 .SSJ 格式文件,如图 5-24 所示。

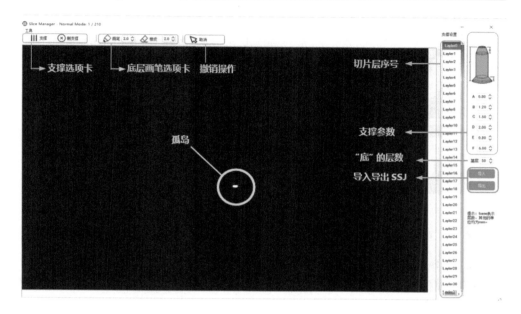

图 5-24　手动支撑窗口

第三步，调整支撑窗口右侧参数表上的参数，单击工具栏 ⫼ 支撑，按键盘的向下方向键，依次从切片层第一层移动到最后一层，依据孤岛原理，单击白色的点，覆盖上绿色的支撑点。以牙齿模型为例，添加支撑过程如图 5-25 所示（单颗牙冠支撑 1 ~ 3 个；牙桥支撑每个牙齿 1 ~ 2 个）。

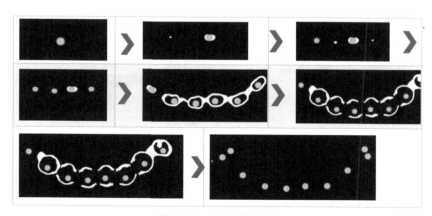

图 5-25　手动添加支撑

第四步，在右侧参数栏中，调整基层参数为 基层 50 ⌄，就是调整地基的层数；调整画笔粗细为 ◇画笔 2.0 ⌄，单击画笔工具，依次单击紫色支撑点，自动连成一线，或画笔划过支撑点，手动连成一线，如图 5-26 所示。用橡皮工具 ◇橡皮 2.0 ⌄ 可擦除错误的画笔路径。

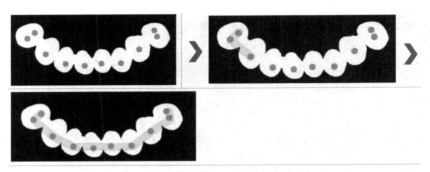

图 5-26　手动绘制连接各个支撑点

最后，单击窗口右侧 导出 按钮，导出 SSJ 切片文件，添加手动支撑成功。

6. 打印参数设置

打印模型前，单击屏幕右侧中间的 MoonRay 打印机按钮。打印前需要设置几个选项，也被称为工厂设置。

1）材料：在"材料选择"下拉菜单选择用于打印的树脂类型，材料的打印参数已经设定好，如图 5-27 所示。

2）若没有打印指定的材料或自定义材料参数，可通过依次单击软件顶部的菜单栏"设置"→"材料列表"→"材料编辑"选项，弹出编辑窗口，如图 5-28 所示。

图 5-27　参数设置　　　　　　图 5-28　编辑材料

如图 5-29 所示，先单击"增加"按钮，弹出材料编号窗口，依次填入"材料名称"和"材料说明"，完成后确定。

设置"材料曝光"选项，首先选择相应的 XY 分辨率，本机为 100μm；接着设置"基层固化时间"和"基层打印层数"；然后设置不同切片厚度对应的每层的曝光时间，以上设置参数具体参考树脂瓶上的标签说明或询问厂家；最后，单击"保存全部"按钮，如图 5-30 所示。

图 5-29　材料编号

图 5-30　材料编辑界面

　　DLP 3D 打印参数大多是经验值，不同的参数值和不同材料组合都会导致不同的打印效果。这些值通常是由厂家通过一些试验确定，用户在使用初期一般不需要改动；当用户对打印过程有一些经验的时候，能逐渐理解这些参数对打印效果的作用，可以尝试修改这些参数值。表 5-1 列出了 MoonRay 打印机针对几种不同材料的常用设置（基层固化时间简称基层，各层固化时间简称片层）。

表 5-1　不同材料设置

透明材料	（100μm）基层 15s，片层 3 ～ 3.5s （75μm）基层 15s，片层 2.5 ～ 3s
导板材料（SP-RB801）	基层 15s，片层 3.5 ～ 4.5s
牙模系列	基层 12s，片层 2.5 ～ 3s
牙冠铸造材料	基层 20s，片层 5.2 ～ 5.8s
黄色柔型材料	基层 8 ～ 10s，片层 4 ～ 5s （支撑加粗，上接触点加大，基层打印层数 10 层）

　　3）层厚 /Z 轴分辨率：层次的厚度选项，单位为 μm。随着层厚的增加，打印时间缩短，细腻程度降低。对于大多数模型，建议使用"50"或"100"设置进行打印，见表 5-2。

表 5-2　层厚设置

100μm	100μm 是最快的选择，打印速度为 25.4mm/h。100μm 会导致模型上有明显的层纹。此选项适用于快速原型设计和测试
50μm（推荐）	50μm 打印是速度和分辨率的平衡点，也是齿科系列材料的最佳选择
20μm	建议高级用户以 20μm 的设置进行打印。分辨率高会增加时间，用 20μm 设置打印时必须添加支撑，即使有的模型不需要支撑

7. 切片

打印之前需要保存切片文件，然后软件加载切片文件，最后打印机开始打印。

1）模型摆放好位置，调整大小尺寸，添加支撑，设置好材料参数后，单击"文件→保存切片"，如图 5-31 所示。

2）软件右侧弹出设置窗口，如图 5-32 所示。选择相应的"层厚"，推荐"50"，根据需要勾选"抗锯齿"选项，抗锯齿的功能是改善模型的表面，使其更平滑，可有效减少成品零件的层纹，如果打印需要紧密配合的部件，不建议使用"抗锯齿"选项。图 5-33 是没有使用抗锯齿和应用抗锯齿功能之后的牙齿打印效果对比。

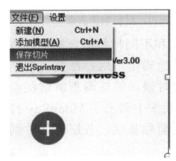  

图 5-31　保存切片　　　图 5-32　打印设置窗口　　　图 5-33　抗锯齿效果前后对比

3）保存，选择切片文件的保存路径。

5.2.3　DLP 光固化 3D 打印机操作实例

1. 打印前准备工作

1）将打印机放置在水平桌面及通风良好的环境中。将树脂盒沿滑槽方向轻轻推到底，树脂盒底面的四个定位孔要和滑槽内的螺钉紧密结合，如图 5-34 所示。

2）将打印平台上面旋入固定手柄，不要过紧，留出一定空间，插到打印臂上进行安装，旋紧固定手柄旋钮，使打印平台在打印过程中不能松动，如图 5-35 所示。

图 5-34　安装树脂盒

图 5-35　安装打印平台

3）摇匀光敏树脂，将树脂从密封的树脂瓶中倒出，轻轻注入树脂盒，保持树脂在最大刻度和最小刻度之间；尽量在少灰、通风且没有光线直射的地方操作；倒入树脂盒后静置一段时间，将液体表面产生的气泡去除，防止对光固化的模型产生影响，如图 5-36 所示。

图 5-36　将树脂注入树脂盒

2. 开机及联网

1）将电源线插入 MoonRay 打印机背面的电源插口，将另一端连接到标准电源插座，如图 5-37 所示。

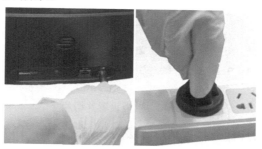

图 5-37　连接电源

2）按压设备正面的电源按钮约 1s，呼吸灯快闪，然后树脂盒、打印臂复位，呼吸灯慢闪，表示启动打印机成功，如图 5-38 所示。

3）插入加密 U 盾，读取后找到计算机桌面右下角的网络连接图标，计算机连接打印机本身提供的 WiFi 信号，打印机和计算机联网，如图 5-39 所示。

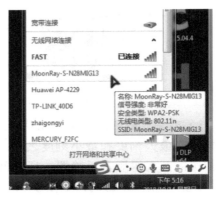

图 5-38　打开电源开关　　　　　　　　　图 5-39　联网

3. 切片及打印

1）打开切片软件，通过"添加模型"将"TUOLUO.STL"文件载入；设置所用材料参数；单击左侧工具栏相应工具，分别调整模型大小、方向和位置（平放打印不需加支撑）；再单击菜单栏"文件"中的"保存文件"，弹出切片参数窗口，选择对应的切片层厚和勾选"抗锯齿"选项，单击"保存"，如图 5-40 所示。

图 5-40　模型设置并切片

2）软件执行切片任务，直到每一层切片完成之后，任务文件得到保存，如图 5-41 所示。

3）单击左侧的打印机管理图标，在打印机管理功能的工具菜单里选择"加载打印"，在弹出的"打印任务"对话框中，单击最上面的"打开"按钮，如图 5-42 所示。

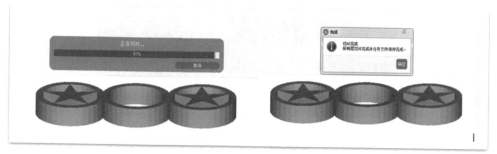

图 5-41　切片保存

图 5-42　载入打印任务

找到已经保存的切片任务"TUOLUO.ssj"文件，选择并打开，如图 5-43 所示。

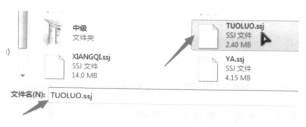

图 5-43　选择切片文件

4）单击"打印"按钮，打印机开始打印工作。在此期间，可以暂停打印工作，也可以取消本次打印任务，如图 5-44 所示。

图 5-44　开始打印

打印进行到一段时间时，对打印模型进行观察，如图 5-45 所示。

5）打印完毕，等待打印臂自动上升至最高点，如图 5-46 所示。若不进行下一次打印，按住电源按钮，直至指示灯开始闪烁，当指示灯熄灭时，打印机关闭。

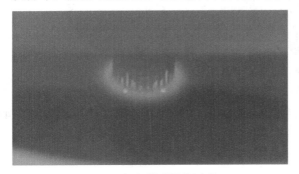

图 5-45　打印模型固化过程

图 5-46　模型打印结束

5.2.4　DLP 光固化 3D 打印模型后处理

1. 清洗（冲洗、浸泡、刷洗）、干燥

模型打印完成，将模型晾半分钟，让多余的树脂流淌下去。可以直接将模

型取下清洗多余的树脂，也可以拧开固定手柄取下打印平台，连同打印好的模型用酒精或清水冲洗，如图 5-47 所示。

之后直接放入装有酒精的容器中浸泡 10min 左右即可，如图 5-48 所示。

图 5-47　对模型冲洗　　　　　　　　　图 5-48　浸泡清洗

浸泡之后，简便的方法是用软毛的牙刷对模型表面轻轻刷洗。有超声波清洗设备的可以使用超声波对模型进行清洗，效果更好，适合戒指等需要高质量的模型在进行后期翻模前的清洗，如图 5-49 所示。

图 5-49　超声波清洗

清洗完成后，将模型用无尘软布或纸巾进行擦洗，放在固化灯箱里晾干。

2. 支撑的去除

注意取下模型时，在打印平台上用铲刀轻轻撬动模型底部周边，配合镊子取出打印零件，同时保护一些纤细薄弱的结构，并手动去除支撑。可以用尖嘴钳剪断支撑，注意用尖嘴钳平的一侧靠近需要剪断的支撑位置。

3. 模型修复

在剪断支撑的过程中或者在固化平台上取下打印主体的过程中，如果不小心对模型造成了损坏，且没有足够的时间重新打印，可以先将模型用胶水黏结，或直接用竹签或小木棍蘸上一点光敏树脂溶液，涂抹在模型的断裂处进行修复，如图 5-50 所示。

然后用紫外灯或者光固化打印笔来进行固化，用这种简单易行的方式可以修补一些小的瑕疵，如图 5-51 所示。

图 5-50　用树脂修复模型　　　　　图 5-51　对修复的地方进行紫外加固

4. 二次固化处理

将模型放入固化灯箱里再次对模型进行固化，此操作可使模型达到最佳的硬度，不容易碎，且表面效果更加理想。

5. 模型表面处理

由于去除支撑常常会在零件表面留下痕迹，或者需要去除逐层固化时形成的台阶纹和毛边，可以利用打磨、喷砂的方法来进行处理。处理光固化 3D 打印模型表面的方法和 FDM 打印机打印模型的后处理方法相似，包含了打磨、补土、抛光、喷砂、喷漆（底漆、面漆）等方法，参见第 6 章 FDM 3D 打印模型后期修整，如图 5-52 所示。

图 5-52　对光固化 3D 打印模型打磨

5.2.5　打印后注意事项

1. 树脂的处理

1）使用及存储：光敏树脂保质期为一年。树脂可以留在树脂盒中（用顶盖覆盖避光）长达三天。如果三天内不再使用，将树脂盘（树脂盒）从树脂盒架上取下，树脂可以重复回收利用，回收之前要利用网状过滤器或者简单的纸杯过滤网对树脂溶液过滤，防止固化的树脂片被回收。将其小心地倒回瓶中密闭，存放在远离阳光直射的干燥阴凉处，如图 5-53 所示。

图 5-53　过滤树脂溶液

2）废弃处理：将废弃的液体树脂倒入透明塑料袋中，使其在阳光下固化，等待其完全固化硬化，再将其丢弃在垃圾中。不要在液槽或其他管道中直接倾倒液体树脂。

2. 树脂盒的保养

1）清洗树脂盒：用纸巾从树脂盒中擦去残留的大量树脂，使用酒精和无尘布仔细擦洗树脂盒内部，不能使用粗布或锋利工具清理树脂盒中固化的树脂。

2）更换树脂膜：打印约 100000 层或 30 瓶树脂后，树脂膜可能会损耗严重或破损，这时需要更换树脂膜。因此在打印之前观察树脂膜的破损情况，以确保打印质量，如图 5-54 所示。左边的树脂膜已经严重损毁，不能继续使用，右边的树脂膜发生剥皮现象，也不能继续使用。更换树脂膜操作步骤如下：

图 5-54　树脂膜损坏需要更换

① 清空并清洁树脂盒后，翻转树脂盒组件，用十字旋具打开图 5-55 中的四个螺钉。

② 小心地将底板从底部分开，使用纸巾或无尘布彻底清洁树脂盒底部，包括玻璃及铝制件（可用少量的酒精）。

③ 取出新树脂鼓，将树脂盒倒置在平坦的表面上，小心将树脂膜放在树脂鼓上。

④ 将基座放在树脂鼓上，用螺钉锁紧，用异丙醇和软布仔细清洁树脂盒底部玻璃上的指纹和污迹，如图 5-56 所示。

图 5-55　打开树脂盒螺钉

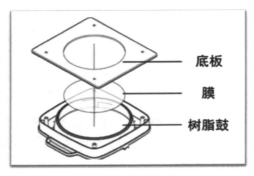

图 5-56　更换树脂膜

3. 清理打印平台

在开始光固化打印之前，必须检查打印平台，确保没有任何树脂片残留在打印平台上，残留的固化树脂会导致打印失败。具体步骤如下：

1）从机器上卸下打印平台。

2）使用刮刀或类似的工具轻轻刮掉粘附在打印平台上的多余树脂。

3）用酒精和无尘布从打印平台中擦净树脂。

4. 清洗反光镜和镜头

在打印之前要确保打印机内的镜子没有灰尘和斑点。具体步骤如下：

1）移除打印平台，取出树脂盒。

2）用手电筒照亮该区域，检查镜子是否有斑点。

3）使用潮湿的软布或压缩空气除尘器清洁镜子表面。

同理，使用潮湿的软布或压缩空气吹球等工具清洁投影机镜头，如图 5-57 所示。请勿使用酒精或其他清洁用品清洁投影机镜头。

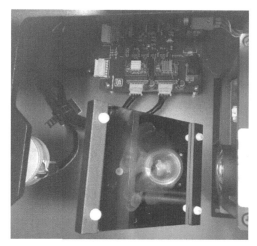

图 5-57　清洁反光镜和镜头

5.2.6　DLP 光固化 3D 打印机常见故障处理

1. 打印平台粘不上模型

1）树脂盒里残留固化的树脂，开始打印作业后发现没有任何模型贴在构建平台上，树脂盒底部可能会有固化的树脂部分。需要停止打印任务，清除固化在树脂盒底部的树脂。如果多次使用的树脂里面混有碎屑，最有可能发生这种现象，可以用细网过滤出固化的树脂并重新使用。

2）打印平台上有杂质或残留树脂碎屑，应重新清洁打印平台。

2. 模型文件存在问题

没有模型固化在平台，或者模型打印失败，模型文件本身可能存在问题。

1）检查模型支撑是否存在问题，模型可能没有添加必要的支撑结构，或者支撑结构不正确或不充分添加。可以重新添加支撑，重新进行切片。

2）打印模型不完整，在软件中检查原始模型文件是否有破损孔洞、重面、缝隙等问题，可使用 Meshmixer 等修复软件进行修复。

3）如果是抽壳模型，需要检查是否添加了排液孔。

4）壁厚太小造成打印失败。创建 3D 打印模型时，需要赋予模型一定的壁厚，打印时才能成功。

5）如果在打印过程中往料盒里填充树脂，打印模型可能会中断一层。因此在打印前需要参考软件中树脂用量的提示，避免中途添加。

6）如果打印件失真或者有重影效果，说明投影机镜子有斑点或污迹。需要清洁投影机镜头和反光镜。

如果上面的因素全部排除，仍然打印失败，可以发送模型的 .STL 或 .OBJ 文件给厂商进行切片，然后利用厂商技术人员回传的切片文件进行打印。

3. 树脂盒

检查树脂盒是否破损。检查树脂膜的夹层是否存在水汽，可以打开树脂盒，取下树脂膜使用无尘布擦干净并吹干。检查树脂盒和打印平台打印时是否压紧。

4. 打印时电源断开

如果电源被断开或在打印过程中电源线被拔下，需要重新启动打印机。注意：重新打印后需要清理树脂盒里和打印平台上已经固化的树脂。

5. 切片软件问题

1）切片软件中找不到打印机：如果首次连接到 3D 打印机，而在软件中找不到打印机，需要在计算机中停用防火墙，然后再次尝试连接。如果仍然无法连接，关闭电源重新启动 3D 打印机，尝试重新连接。

2）无法在切片软件中添加模型：

第一种情况是导入了切片软件不支持的文件类型，很多切片软件目前支持 .STL 和 .OBJ 文件。如果打印模型是不同类型的 3D 文件，需要将其转换。

第二种情况，如果文件名或包含该文件的文件夹的名称中有特殊字符（例如，逗号或感叹号），无法在切片软件中添加模型。需要重命名模型或文件夹，并尝试重新添加。

第三种情况，添加的 3D 模型文件太大，无法被切片软件导入。建议使用大小为 100MB 及以下的 .STL 或 .OBJ 文件。3D 建模软件都具有导出适用于 3D 打印的较小文件的选项。

第 6 章　FDM 3D 打印模型后期修整

3D 打印的模型和其他模型的后期修整，既有相似的地方又有区别，它们都离不开拼接、补土、打磨、上色等这些基本步骤。桌面 3D 打印机的模型一般为 ABS 和 PLA 材质，采用熔融沉积造型（FDM）3D 打印，无论是使用工业级还是个人级 3D 打印机，打印出来的产品都会显示出一些纹路，被称为层效应（Layered Effect）。因此，有些模型制作的方法和工具，并不适合 3D 打印的模型修整。

6.1　支撑去除和拼接

6.1.1　基面和支撑去除技巧

1. 去除基面和大面积支撑

基面是为了增加模型和打印平台的黏结效果而设定的，一般打印机的支撑采用虚点连接，和模型连接不是十分紧密，打印后可以手工去除，大面积的支撑可以用镊子甚至手动撕下。如果支撑部分和模型连接得过于紧密，可以用壁纸刀或者纸工刀小心切开并撕下，如图 6-1 所示。

图 6-1　带有支撑的 3D 打印模型

2. 细节部分的去除

细节部分的支撑去除要十分小心，动作不能过于猛烈，可以用制作模型常用的剪钳一点点地去除。将剪钳刃口比较平的一面贴近模型，精细去除，防止一不小心就会剥离模型的细节，如图 6-2 所示。

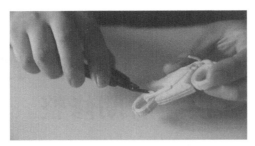

图 6-2　细致去除模型支撑

3. 去除模型上的支撑残留和毛刺

有些打印机带有防止拉丝的设置，如果不具备防拉丝功能，只能后期去除。这些细小的拉丝用刀去除非常麻烦，可以用打火机快速燎一下或者 3D 打印笔的笔头烧热后烫一下，就可以轻松去除模型上的毛刺和拉丝，如图 6-3 所示。

图 6-3　模型毛刺去除

6.1.2　拼合黏结技巧

如果模型和打印平台接触角度不好，或者支撑太多，可以采用软件将模型切开，分成几部分进行打印，打印完毕后再进行拼合黏结。在支撑去除的过程中，不小心将部件损坏，也需要进行黏结。图 6-4 所示为摩托车把手的黏结。

图 6-4　摩托车把手黏结

下面以分别打印的杯子模型为例，进行两部分的黏结工作。

（1）预对齐　比较两块需要拼接模型的表面是否吻合、黏结面是否干净，如果有杂质，预对齐时发现两块之间有误差，可以提前进行粗略打磨，让两块零件上下左右高度吻合。

（2）采用的胶水　采用低流动性（呈果冻胶状者）的胶水，一般不采用普通模型制作用的高流动性胶水，因为高流动性胶水容易渗入打印模型的纹路。一般爱好者可以采用德国的 UHU 木工胶水，比较适合 3D 打印模型的拼接，如图 6-5 所示。

图 6-5　黏结用 UHU 木工胶水

（3）蘸取工具　使用已用钝的 15 号小圆头手术刀片，配上专用刀柄，作为蘸取胶水的工具，效果非常好。手术刀片、刀柄可在医疗器材店买到，建议先将它们用钝（或干脆用钻石锉刀磨钝）后再使用比较安全。如果没有刀片，可以使用牙签作为简易的工具。

（4）涂抹胶水　先将两部分需要拼装和黏结的截面打磨平整，然后用牙签蘸取胶水，铺平在黏结面上，在每一块黏结面的内部均匀涂抹，如图 6-6 所示。注意要离开边缘一定的距离，如果胶水涂抹到边缘，模型两部分拼合之后挤压，会有胶水溢出，影响黏结效果和外观。胶水量的掌握要注意少量多次，不要一次涂抹太多。如果有出界的胶水，可以用不容易起毛的布片轻轻擦除。

图 6-6　涂抹胶水

如果不小心将胶水污染到模型表面，绝不可用手指抹去，以免留下难看的指纹；如果胶水已经凝固，等它完全干燥后再进行小心的打磨、修整。

（5）拼接　涂抹之后，稍微施加压力，使两块模型拼接挤压在一起，注意要从不同角度来调整模型的位置，由于低流动性胶水固化较慢，有足够的时间进行位置矫正，调整到最佳角度和足够美观后，将黏结好的模型放置于通风阴凉和少灰的地方进行干燥，如图 6-7 所示。

图 6-7　情侣杯两部分的拼接

有一些模型爱好者使用热熔胶，在打印之前需要把拼合结构做出来。还有一些打印机的使用者利用 3D 打印笔来进行模型的修补，这需要一些技巧来掌握笔的速度和出丝多少，如图 6-8 所示。

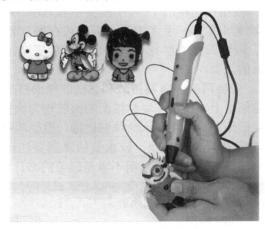

图 6-8　3D 打印笔修整模型细节

6.2　补土

模型黏结完毕后，接着要进行补土。这是因为有些部分黏结定位后仍会产生落差、凹陷等缺陷。这些缺陷有些是在打印过程中形成的，有些是在去除支撑过程中形成的。特别是 FDM 3D 打印机打印的模型，如果打印精度过低，造成明显的分层纹路，可以用补土来弥补，待其干燥硬化后再打磨平整。

6.2.1　补土种类

补土就是英文 Putty 的音译。模型补土的材料有很多种，例如牙膏补土、保丽补土和原子灰、AB 补土、水补土。

牙膏补土是所有补土中的基础型，如图 6-9 所示。它属于填缝补土，有灰色补土、补缝补土、软补土等很多俗名，特点是软、黏，与模型的结合度高，但干燥后会收缩。另外，还有其他低流动性、呈果冻状的快干胶类，特别适合 3D 打印的模型使用，用来修补模型表面的坑洼。

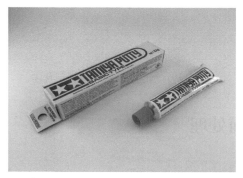

图 6-9　用于 3D 打印模型的牙膏补土

保丽补土和原子灰相似，使用时需要混合凝固剂。将凝固剂混入保丽补土，并搅拌均匀至半流体状，看不出凝固剂的颜色和条纹，便可涂抹在模型上。

原子灰便宜、量大，但气味非常大，干燥后硬度也大，使后期打磨难度增加。

AB 补土属于造型补土，用于模型塑型、改造和雕刻。这种材料是双组分的，一片是主剂，一片是硬化剂，需要用手来捏合，黏性低，硬化速度慢，对于 3D 打印模型的修整稍显麻烦。

水补土就是底漆，类似于涂料，在一般情况下需要稀释。一般都使用喷涂的方法来附着到模型表面上，用来使喷涂颜色统一或增强其他涂料的附着力，防止掉漆，经常用在打磨之后。一般不用溶剂型补土材料，因为有些溶剂会造成模型的溶解。

如果没有现成的牙膏补土，可以用 502 胶水和同样体积的爽身粉挤在胶纸上，然后用牙签搅拌混合两种东西，混合的液体会变成半透明的糊状，接着用牙签挑起这些材料来填补打印模型的缝隙或者小缺陷，等 10min 左右，混合液体干透（可以用牙签测试一下），用刀去除多余的胶水混合物，最后用锉刀和砂纸打磨平整。这种补土方法成本低、耐冲击、可塑形。

6.2.2 补土技巧

为了精确控制使用量，使用过程中先挤出一些材料，用牙签或其他合适的工具挖取适当的量，填补用胶水黏合的接着线上的凹陷处或者填补打印模型明显的纹路处，如图 6-10 所示。与一般模型胶水的要求一样，接合线的空隙中也要充满快干胶，这样在打磨后才不会露出拼合的痕迹。干燥硬化后，其性质有点类似硬质塑胶，且仍保持大部分的体积，不至收缩太多，再加上其干燥速度快，是节省时间的一个好选择。

图 6-10　对 3D 打印模型进行补土

6.3　打磨和表面处理

6.3.1　打磨

等待补土胶水完全干燥硬化后，开始进行打磨的工作。

（1）粗打磨　一开始可用普通的扁方形锉刀锉掉较大的落差，例如接合处的落差、补土等较凸出的部位。锉刀使用一阵后，表面会卡住一些塑胶，可用牙刷或细的铜丝刷将这些塑胶刷掉，保持锉刀的磨锉力。锉刀的形状有许多种，应视工作区域的不同而选择不同的形状，通常准备扁方形、半圆形、圆形、三角形等几种即可，如图 6-11 所示。

图 6-11　不同种类的锉刀

（2）精细打磨　锉刀打磨得差不多时，换用水砂纸继续打磨。注意水砂纸和干砂纸之间的区别：水砂纸砂粒间隙较小，磨出的碎末也较小，和水一起使用时碎末会随水流出，所以和水一起使用，水砂纸磨得较慢，但磨得较光滑；干砂纸沙粒之间的间隙较大，在磨的过程中碎末会掉下来，不需要和水一起使用，干砂纸磨得速度较快，但磨出来的表面较粗糙。

砂纸的规格以号或目表示，是指磨料的粗细及每平方英寸的磨料数量，砂纸背面的号码越大，代表磨料颗粒越细，数量越多。磨料颗粒较粗的是（以目或号表示）16、24、36、40、50、60，常用的是 80、100、120、150、180、220、280、320、400、500、600，精细的是 800、1000、1200、1500、2000、2500。3D 打印模型通常可从 400 目开始，再逐渐换用较细的 800 目以上砂纸。用 1200 目砂纸打磨已经够用，用 2000 目砂纸打磨出来的表面效果会更好，如图 6-12 所示。

图 6-12　不同粗细的打磨砂纸

（3）打磨要领　与锉刀的打磨技巧一样，用砂纸打磨也要顺着弧度去磨，要按照一个方向打磨，避免毫无目的地画圈。水砂纸可配合水来使用，蘸上一点水来打磨时，粉末不会飞扬，且磨出的表面会比没蘸水打磨的表面平滑些。可用一个能盛下部件的容器，装上一定的水，把部件浸放在水下，同时用水砂纸打磨。这样不但效果完美，而且还可以保持水砂纸的寿命。是否蘸水打磨可以自行选择。

（4）水砂纸控制打磨范围　可把水砂纸折边使用，折边的大小完全视需要而定。折过的水砂纸强度会增加，而且形成一条锐利的打磨棱线，可用来打磨需要精确控制的转角处、接缝等地方，在整个打磨过程中，会很多次用到这种处理方式。可用折出水砂纸的大小来限制打磨范围，如图 6-13 所示。

（5）其他　也有用电动设备来辅助打磨的，注意速度不可过快，否则容易损伤打印模型表面。还有另外一种实用的打磨方法，即用旧的柔软百洁布紧贴模型表面前进。旧的柔软百洁布有一定程度的打磨能力，特别适合打磨圆柱形之类的模型，但千万不要拿新开封的百洁布来打磨，因很容易损伤模型表面。

补土→打磨→检查→修整的程序，可以一直重复使用，直到满意为止。

图 6-13　用水砂纸折边打磨模型

6.3.2　其他 3D 打印模型表面处理方法

消除 3D 打印模型表面的纹路，除了用粗砂纸和细砂纸等打磨之外，还有一些方法：

1. 化学溶液（抛光液）法

方法一——擦拭：用可溶解 PLA 或 ABS 的不同溶剂擦拭打磨。

方法二——搅拌：把模型放在装有溶剂的器皿里搅拌。

方法三——浸泡：有爱好者用一种亚克力黏结用的胶水（主要成分为氯仿）进行抛光，将模型放入盛溶剂的杯子或者其他器具浸泡一两分钟后，模型表面的纹路变得非常光滑。<u>但是注意避光操作和防护，否则会产生毒性气体。</u>

国内研制出了抛光机，模型放置在抛光机里面，用化学溶剂将模型浸泡特定的时间，表面会比较光滑，比如用丙酮来抛光打印产品，但丙酮易燃，且很不环保，如图 6-14 所示。

图 6-14　抛光机和抛光的模型

国外 Stratasys 也推出了一台大型的润色抛光机 FTSS（Finishing Touch Smoothing Station）。与采用丙酮来抛光相比，这台抛光机抛光效果更好，使用也更加安全，但所使用的耗材极其昂贵（十氟戊烷）。图 6-15 为 FTSS 抛光机抛光前后效果对比。

图 6-15　FTSS 抛光机抛光前后效果对比

2. 丙酮熏蒸法

除了用丙酮溶剂浸泡外，有 3D 打印机的可将打印产品固定在一张铝箔上，用悬挂线吊起来放进盛有丙酮溶液的玻璃容器；将玻璃容器放到 3D 打印机加热平台上，先将加热平台调到 110℃来加热容器，使其中的丙酮变成蒸气，容器温度升高后，再将加热平台控制在 90℃左右，保持 5 ～ 10min（可按实际抛光效果掌握时间）。

没有 3D 打印机的，可将丙酮溶液放入蒸笼的下层，蒸笼的隔层上放上模型，将蒸笼加热进行土法熏蒸，可以起到模型表面抛光的效果。但时间不好掌握，且丙酮蒸气对人体有刺激性。

采用化学溶剂和丙酮熏蒸的方法有一定危险性，非专业人士不要尝试。

3. 珠光处理

珠光处理（Bead Blasting），是操作人员手持喷嘴朝着抛光对象高速喷射介质小珠从而达到抛光的效果。介质小珠一般是经过精细研磨的热塑性颗粒。处理后的产品表面光滑，有均匀的亚光效果，可用于大多数 FDM 3D 打印机线材上。

珠光处理一般是在密闭的腔室里进行，对处理的对象有尺寸限制。整个过程需要用手拿着喷嘴，一次只能处理一个，不能用于规模应用。

4. 喷砂

喷砂是工业上处理物体表面的工艺，可以非常快速地把表面粗糙的铸造、切削后的表面处理成比较光泽的磨砂效果。3D 打印的模型也可以进行喷砂处理，处理速度非常快，几分钟就能处理很大的表面积。不过喷砂需要密闭的工作空间，否则乱飞的颗粒、粉尘都对人体有害，而且喷砂不能喷体积过大的 3D 打印物件。

5.电镀

我国台湾团队开发的 Orbit 1 桌面电镀机能够把一件普通的 3D 打印对象变成更惹人注目的金属艺术品、首饰，甚至变成电子产品的可导电部件，如图 6-16 所示。电镀机能够使用铜、镍、铅、金四种不同的金属涂层包裹 ABS（或其他 3D 打印线材）物品，可用于珠宝设计、工业设计、快速成型、机械零件、特种电气部件和成型 / 铸造工具包等。

图 6-16　电镀处理后的模型

6.4　上色修饰

模型经过打磨补土、表面抛光之后，可以进入上色环节。

6.4.1　模拟上色效果

处理模型配色，与个人的品味和对色彩的感觉有直接关系，更重要的是实际操作经验。

（1）用软件模拟效果　可以用 Photoshop 自己制作草图，然后在上面处理出配色。一些经典卡通形象可以在网络上找到合适的参考颜色效果。

（2）根据经验来估计上色后的颜色效果　若想让模型颜色偏深沉和饱满、厚实的，可以上灰色漆；若想让颜色鲜艳明亮，就用白色漆。但是白色底漆遮盖性不好，打印的彩色模型喷好多层还是会有颜色透出，因此在选择打印线材的颜色时，要考虑后期上色时原有颜色是否能被遮盖。

6.4.2　上色用工具和颜料

1.上色装备

（1）气泵和喷笔　模型爱好者上色用的气泵和喷笔可以用来给 3D 打印模型

上色，不过喷笔容易堵塞，可以选择使用。

（2）上色笔　上色笔一般分平笔、细笔（圆笔）和面相笔三类，如图 6-17 所示。平笔用来涂刷面积较大的部分。细笔最适合点画或描绘精致的效果线和局部的阴影。面相笔用于打印模型比较精巧的部分，如涂刷人物脸部等细节，在涂眼睛等细小部位时，面相笔很有用。

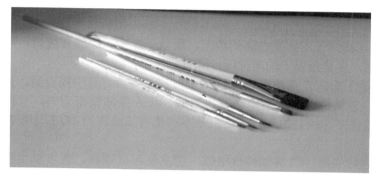

图 6-17　上色笔

2. 防护装备

需要口罩、护目镜、手套三件套。口罩一定要选择和面部贴合较好的，或防毒面具；手套可以用塑胶的或者一次性手套。

3. 颜料

（1）模型漆　3D 打印上色可以选模型涂装用的模型漆，如图 6-18 所示。模型漆基本上可以分为三种：亚克力漆（水性漆）、珐琅漆（油性漆）、硝基漆（油性漆），三种涂料性质各不相同。

图 6-18　模型漆

1）压克力漆（Acrylic）：又称水性漆。因为是水溶性，所以毒性小，是模型涂装非常好的涂料，但是水性漆和流体性胶水一样会因为毛细作用而渗入模型内部，因此要适当采用。

2）珐琅漆：干燥时间是模型涂料中最慢的，均匀性最好，涂大面积时用此类漆比较好，色彩呈现度相当不错。另外，由于不会侵蚀水性漆涂膜面，所以用来涂细部相当合适。毒性较小，可以放心使用。但是珐琅漆的溶剂渗透性相当高，所以应避免溶剂太多而使溶剂侵入模型的可动部分，造成模型脆化、劣化。注意：新手使用一定要小心。

3）硝基漆：使用挥发性高的溶剂，所以干燥快，涂膜强度好，不过这种漆的毒性最强，尽量用以下的两种环保颜料替代。

（2）自喷漆　自喷漆是一种 DIY 的时尚漆，特点是手摇自喷，方便环保，不含甲醛，干燥快，味道小，会很快消散，对人身体健康无害，节约时间，可以轻松遮盖住打印模型的底色。这也是本书把自喷漆作为 3D 打印模型喷漆的首要原因。

（3）丙烯颜料　丙烯颜料价格低，用水就可以调和，也可以用丙烯颜料和手喷漆配合在 3D 打印模型上使用，特点是简单、速干、防水、颜色艳丽，如图 6-19 所示。

另外，还有其他种类，比如保护漆面（附带一定效果）的保护漆、消光漆、半消光漆、亮光漆（光油）和冷烤等，可根据情况使用。

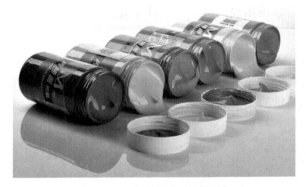

图 6-19　上色用的丙烯颜料

6.4.3　上色步骤

根据不同爱好者的习惯，上色可以分为以下几个基本步骤，如图 6-20 所示。

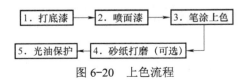

图 6-20　上色流程

1. 打底漆

一般用白色做底漆，使面漆喷在白色底面上，颜色更加纯正。白色既可以做底漆，又可以做面漆，直接喷白即可。底漆一般喷两到三层，但是要有足够的厚度，能盖住打印材料的本色，如图 6-21 所示。

图 6-21　打底漆

喷漆方法：使用快捷方便的自喷漆，使用之前，先摇动喷罐，在报纸上面试喷，按钮要由浅入深，有渐进的过程。一般距离物体 20cm 左右，速度是 30 ～ 60cm/s，速度一定要均匀，太慢会喷得太多太浓，模型表面产生留挂。可采取多次覆盖来调节漆的厚薄，使漆更均匀，附着力也比一遍喷成要好。

为避免喷漆不匀，可将打印的模型固定在饮料瓶上面，方便旋转，如图 6-22 所示。

图 6-22　简易转台喷漆方法

2. 喷面漆

可以选用任何普通色或者金属色，一般喷三层可完全覆盖，吸附力强。如果用简单的方法，可以直接喷面漆，然后再喷光油保护，效果也非常好。

3. 笔涂上色

用自喷漆上底漆之后，等底漆干后，可以用笔使用丙烯颜料在模型表面描绘一些细节。比如用面相笔蘸取黑色丙烯颜料描绘大白的眼睛部分，如图 6-23 所示。

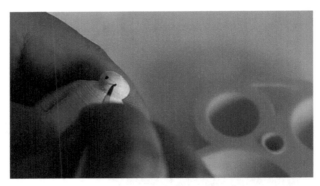

图 6-23 笔涂上色

4. 砂纸打磨

作用同抛光部分，可以打磨掉不小心留挂的漆。等漆干后，用 2000 目的细砂纸细细磨平，再喷一层漆，表面即可十分均匀。

5. 光油保护

上光油或者哑光油，作用是形成高光或者哑光的效果，同时形成透明保护膜，保护面漆不氧化变色和脱漆起皮，延长面漆的使用寿命。一般喷 1 ～ 2 层。

喷漆环境注意事项：由于夏天空气湿度大，喷漆后的漆面在干燥过程中会不平整，可以用湿度计来观测，在合适的区间进行上色；冬天气温低，喷漆的干燥速度慢，为了不影响喷漆效果，喷面漆 1 ～ 2 天后，确保喷漆完全干透，再喷光油或者哑光油，以确保喷漆的效果，如图 6-24 所示。

图 6-24 喷漆环境

6.5　3D 打印模型后期修整实例

了解模型后期修整的基本知识后，用"印章"模型演示 3D 打印模型后期修整的过程。

1. 支撑的残余部分去除

用剪钳去除"印章"模型表面的支撑残余，经过细致修整，模型的细节部分得到加强，为以后的打磨和上色打下基础，如图 6-25 所示。

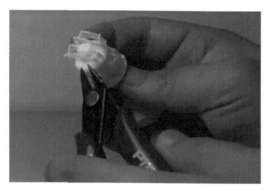

图 6-25　去除支撑的残余部分

2. 打磨

将砂纸剪成小块，先用粗砂纸粗略打磨"印章"，再用细目砂纸进行打磨抛光，将打磨的碎屑擦除，如图 6-26 所示。

图 6-26　打磨

3. 自喷漆上底漆

首先把"印章"模型用分色带覆盖住不想被喷漆的部分，分色后的模型固定在泡沫上或者瓶子上以便于转动，然后由浅入深地按下喷嘴，对模型进行快速喷漆，前后左右不要留下死角，对打印的原来颜色进行遮盖，如图 6-27 所示。

图 6-27　自喷漆上底漆

4. 自喷漆上面漆

喷底漆后的模型放置在通风干燥处晾干，然后喷涂金色的面漆，如图 6-28 所示。

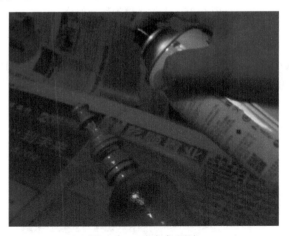

图 6-28　喷金色面漆

5. 丙烯颜料上色

将模型分色带拆下，如图 6-29 所示，用调色盘挤出适量丙烯颜料，用适量水调和后（注意保证调和后丙烯颜料的黏度，流动性较低效果好），先用平笔大面积涂抹着色，再用面相笔细致涂抹细节部分（比如眼睛、面部等细致图案），如图 6-30 所示。

图 6-29 拆下分色带

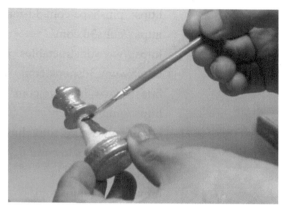

图 6-30 模型细节上色

图 6-31 所示为经过打印后修整并结合电子、机械等其他部件，制作出来的实用、有趣的创意模型。至此，3D 打印模型的打磨、上色、装配等后期修整工作全部完成。

图 6-31 模型修整后效果

附　录

附录 A　国内外部分 3D 打印模型下载链接

Makerbot	https://www.thingiverse.com/
MyMiniFactory	https://www.myminifactory.com/
YouMagine	https://www.youmagine.com/
Pinshape	https://pinshape.com/3d-marketplace
Cults	https://cults3d.com/
Instructables	https://www.instructables.com/
3DShook	http://www.3dshook.com/
3Dagogo	https://www.3dagogo.com/
GrabCAD	https://grabcad.com/
纳金网	http://www.narkii.com/club/forum-68-1.html
我爱 3D	http://www.woi3d.com/
打印啦	http://www.dayin.la
光神王市场	http://www.fuiure.com/
微小网	http://www.vx.com/
魔猴	http://www.mohou.com/models/3
3D 打印模型网	http://3dpmodel.cn/forum.php?gid=36
3D 模型库	http://www.3d-ku.com/
3D 打印网	http://bbs.3drrr.com/forum-53-1.html
3D 打印联盟	http://3dp.uggd.com/mold/
3D 造	https://www.3dzao.cn/datas/list.html
3Dcity	http://www.3dcity.com
橡皮泥 3D 打印	http://www.simpneed.com/
蔚图网	http://www.bitmap3d.com/
在我家网	http://www.zaiwojia.cn/
Aau3D 打印平台	http://www.aau3d.com/
云工厂	https://www.yungongchang.com/AutoQuote/ThreeD
印梦园	http://www.yinmengyuan.com/modelbase
万物打印网	http://www.wanwudayin.com/

3D 帝国网	http://www.3dimperial.com/
Enjoying3D	http://www.enjoying3d.com/
most3D	http://www.most3d.cn/models/?sort=new

附录 B　国内部分 3D 打印行业网站／论坛

3D 打印网	http://www.3drrr.com/
3D 打印联盟	http://3dp.uggd.com/
3D 打印商情网	http://3d.laserfair.com/
3D 打印产业化网	http://www.china3ttf.com
3D 打印资源库	http://www.3dzyk.cn/
3D 打印之家	http://www.3ddayinzhijia.com/
3D 社群	http://fans.solidworks.com.cn/portal.php
3D 虎	http://www.3dhoo.com/
中国 3D 打印技术产业联盟	http://www.zhizaoye.net/3D
南极熊 3D 打印网	http://www.nanjixiong.com/
OFweek 3D 打印网	http://3dprint.ofweek.com/
三迪时空	http://www.3dfocus.com/
叁迪网	http://www.3drp.cn/
三维网	http://www.3dportal.cn/discuz/portal.php
三达网	http://www.3dpmall.cn/
嘀嗒印	http://www.didayin.com/
微小网	http://www.vx.com/
魔猴网	http://www.mohou.com/
D 客学院	http://www.dkmall.com/college/
虎嗅网	http://www.huxiu.com/tags/2281.html
众立印	http://www.zhongliyin.cn/
万物打印	http://le.wanwudayin.com/

附录 C　国内部分 3D 打印设备厂家

深圳优锐科技有限公司	https://www.333d.cn/
浙江迅实科技有限公司	https://www.soonsolid.com/
北京汇天威科技有限公司	http://www.hori3d.com/
北京隆源自动成型系统有限公司	http://www.lyafs.com.cn/

北京太尔时代科技有限公司	http://www.tiertime.com/
北京恒尚科技有限公司	http://www.husun.com.cn/
深圳创想三维科技有限公司	http://www.cxsw3d.com
深圳森工科技有限公司	http://www.soongon.com/
深圳熔普三维科技有限公司	http://www.rp3d.com.cn/
深圳克洛普斯科技有限公司	http://www.clopx.com/
深圳维示泰克技术有限公司	http://www.weistek.net/
深圳极光尔沃科技有限公司	http://www.zgew3d.com/
深圳光韵达光电科技股份有限公司	http://www.sunshine3dp.com/
深圳纵维立方科技有限公司	http://cn.anycubic3d.com/index.html
深圳引领叁维科技有限公司	http://www.yl3v.com
深圳撒罗满科技有限公司	http://www.solomonsz.com/
深圳捷泰技术有限公司	http://www.geeetech.cn
深圳爱能特科技有限公司	http://www.anet3d.com/
深圳义特科技有限公司	http://www.et3dp.com/
深圳亿玛思科技有限公司	http://www.ymax.com.cn/
深圳依迪姆智能科技有限公司	http://www.yidimu.com/
深圳瑟隆科技有限公司	http://salonelectronics.com/
深圳洋明达科技有限公司	http://www.md3dprinter.com/
深圳市天传奇电子科技有限公司	http://www.tianchuanqi.com/
深圳巨影投资发展有限公司	http://www.pmax.cn/
深圳恒建创科技有限公司	http://www.hjc3d.com/
深圳三迪思维科技有限公司	http://www.xcr3d.cn/
广州市网能产品设计有限公司	http://www.zbot.cc/
广东奥基德信机电有限公司	http://www.oggi3d.com/
广州四点零工业设计有限公司	http://www.mixdoer.com/
广州捷和电子科技有限公司	http://www.qubea.com/
广东五维科技有限公司	http://www.chn5d.com
苏州展梦三维科技有限公司	http://www.zm-3d.com/
珠海创智科技有限公司	http://www.makerwit.com/
珠海三绿实业有限公司	http://www.sunlugw.com/
盈普光电设备有限公司	http://www.trumpsystem.com/
杭州捷诺飞生物科技股份有限公司	http://www.regenovo.com/
宁波华狮智能科技有限公司	http://www.robot4s.com/cn/index.php
杭州喜马拉雅集团科技有限公司	http://www.zj-himalaya.com/

瑞安市启迪科技有限公司	http://www.qd3dprinter.com/
浙江台州 3D 打印中心	http://www.taizhou3d.cn/
杭州杉帝科技有限公司	http://www.miracles3d.com/
金华市易立创三维科技有限公司	http://www.ecubmaker.com/
杭州铭展网络科技有限公司	http://www.magicfirm.com/
宁波杰能光电技术有限公司	http://www.wise3dprintek.com/
浙江闪铸三维科技有限公司	http://www.sz3dp.com/
杭州先临三维科技股份有限公司	http://www.shining3d.cn/
乐清市凯宁电气有限公司（创立德）	http://www.china3dprinter.cn/
金华万豪	http://wanhao3dprinter.com/
义乌筑真电子科技有限公司	http://www.real-maker.com/
盈创建筑科技（上海）有限公司	http://www.yhbm.com/
上海福斐科技发展有限公司	http://www.techforever.com/
上海富奇凡机电科技有限公司	http://www.fochif.com/
上海复志信息技术有限公司	http://www.shfusiontech.com/
上海铸悦电子科技有限公司	http://www.3djoy.cn/
上海悦瑞三维科技股份有限公司	http://www.ureal.cn/
上海联泰科技有限公司	http://www.union-tek.com/
三的部落（上海）股份科技有限公司	http://www.3dpro.com.cn
智垒电子科技（上海）有限公司	http://www.zl-rp.com.cn/
迈济智能科技（上海）有限公司	http://www.imagine3d.asia/
武汉滨湖机电技术产业有限公司	http://www.binhurp.com/
岳阳巅峰电子科技有限责任公司	http://www.df3dp.com/
河南速维电子科技有限公司	http://www.creatbot.com/
合肥沃工电气自动化有限公司	http://www.hfwego.com/
西安非凡士机器人科技有限公司	http://www.elite-robot.com/
苏州中瑞智创三维科技股份有限公司	http://www.zero-tek.com/cn/index.html
磐纹科技（上海）有限公司	http://www.panowin.com/
沈阳菲德莫尔科技有限公司	http://www.3dmini.net/
沈阳盖恩科技有限公司	http://www.3dgnkj.com/
优克多维（大连）科技有限公司	http://www.um3d.cn/
青岛尤尼科技有限公司	http://www.anyprint.com/
南京宝岩自动化有限公司	http://www.by3dp.cn/
南京百川行远激光科技有限公司	http://www.future-make.com
迈睿科技	http://www.myriwell.com

四川长虹智能制造技术有限公司　　　　http://www.changhongim.com/
台湾研能科技股份有限公司　　　　　　http://www.microjet.com.tw/
台湾亚世特有限公司　　　　　　　　　http://www.extek.com.tw
台湾普立得科技有限公司　　　　　　　http://www.3dprinting.com.tw/

附录 D　3D 打印模型故障排除和 3D 打印机维护

一、3D 打印模型过程中故障排除

1. 打印不成型，无法黏结底板

1）需手动调平打印机，减小与打印平台的距离：调节打印平台四个螺钉，直到喷头和底板的距离为插入一个名片的高度合适。

2）自动调平的机器：很多三角洲的机器上面自带调平装置，一般我们来调节自调平控制螺钉的松紧，控制与打印平台的距离大小。

3）如果底板过于光滑，铺美纹纸、其他胶带或者手工白胶等增大与底板黏结效果。

2. 喷头不出丝

1）检查材料是否发生缠绕或者料盘卡住，重新缠绕耗材。

2）查看喷头温度，如果没有达到材料合适的温度，会造成出丝不顺，解决方法是提高打印头温度。

3）如果听到喷头进丝后发出"咔哒""咔哒"的声音，把料丝退出，检查电机齿轮里面是否有断丝，清理一下再重新进丝。

4）检查喷头间距是否过小，重新进行平台校准。

5）利用打印机的 E 轴齿轮推送功能，向前推送一小段，观察喷头是否有残料挤出，如果没有，用钻头疏通或者更换喷头。

6）检查进丝齿轮是否打滑，用刷子清理齿轮被碎屑填满的齿，将打印耗材头部剪断。

7）检查耗材的质量，是否用了劣质耗材，或耗材保存不当，已经变质。

3. 机器硬件部分

1）通电后电源灯不亮：需要检查电路板和电源是否接触良好。

2）液晶显示屏显示温度跳动：需要检查加热棒、加热电阻的引线是否接触不良，或更换热敏电阻。

3）液晶显示屏花屏：不要执行任何操作，让打印机继续打印。打印结束后，请关机，再开机，就会恢复正常，如果还产生相同现象，说明静电已经烧毁屏幕，需要更换液晶屏，以后应避免操作时手指带来的静电。

4）打印模型错位：打印过程中出现模型发生错位使打印机发生丢步，可能是以下因素造成的：

① 打印速度过快，应适当降低 X、Y 电机速度。

② 电机电流过大，导致电机温度过高；电机线或开关线信号受到干扰，建议打印几个不同模型，如仍未解决应更换新线。

③ 皮带过松或太紧。

④ 电流过小也会出现电机丢步现象。

4. 打印机在打印过程中打印中断

1）检查电源线，使用万用表测量是否出现了接触不良的情况。

2）判断电源是否出现功率或者温度过载的情况，出现此情况可以更换大功率电源。

3）模型错误也会造成打印中断的现象，应更新或更换切片软件，或者重新对模型进行切片。

5. 打印机无法读取 SD 卡中的文件

1）检查文件的格式、命名方法或者重新切片。

2）检查文件是否存在损坏的情况。

3）SD 卡损坏也会造成无法读取的情况，此时应更换 SD 卡。

二、3D 打印机维护升级

1）定期检查润滑油的消耗情况：3D 打印机缺少润滑油会对打印机造成很大程度的磨损，影响打印精度。

2）每次使用打印机之前都需要检查限位开关的位置：查看限位开关是否在搬动过程中位置发生变化或者使用过程中出现松动。

3）定期检查打印机框架螺钉的紧固情况，查看是否有松动现象。

4）每次使用检查热床板和加热挤出头温度探头的位置，检查是否出现了温度探头不能测量热床或者挤出头温度的情况。

5）定期检查皮带的松紧情况。

6）定期清理打印挤出头外面附着的打印材料。

7）打印一段时间如果出现打印头经常堵头可以更换新的打印挤出头。

8）打印机运动过程中精度明显下降的情况下，可以更换打印机轴轴承。

9）平台维护：用不掉毛的绒布加上外用酒精或者一些丙酮指甲油清洗剂将平台表面抹干净。

参 考 文 献

[1] 中国行业研究网．3D 打印技术的七大优势探析 [EB/OL]．[2013-8-26]．http://www.chinairn.com/news /20130826/101742722.html.

[2] Andreas Gebhardt. Understanding Additive Manufacturing Rapid Prototyping Rapid Tooling Rapid Manufacturing[M]. Lowa:Hanser, 2012.

[3] 中国商情网．全球 3D 打印技术应用领域分析 [EB/OL]．[2014-1-20]．http://www.askci.com/news/201401/20/201541635631.shtml.

[4] 王德禄．3D 打印技术将会带来真正意义上的制造业革命 [EB/OL]．[2013-01-07]．http://blog.sina.com.cn/s/blog_5f6641a80101gazv.html.

[5] 张统，宋闯．3D 打印机轻松 DIY[M]．北京：机械工业出版社，2015.

[6] 天工社．家用 Orbit 1 电镀机为您的 3D 打印作品镀金 [EB/OL]．[2015-04-22]．http:// info.pf.hc360.com/ 2015/04/220905498404.shtml.